奶牛实用繁殖技术

编著者

王守勋　王利红
张　伟　王利兵

金盾出版社

内 容 提 要

本书内容主要包括：母牛的生殖器官及其功能，生殖激素及其应用，母牛的发情鉴定技术，人工授精，妊娠及妊娠诊断，分娩和助产，奶牛不孕症防治技术，奶牛胚胎移植技术，奶牛选种选配技术，奶牛场有效繁殖管理技术等。内容丰富，图文并茂，语言通俗，实用性强，适合奶牛养殖专业户、奶牛场饲养管理人员和专业技术人员阅读，也可供农业院校相关专业师生参考。

图书在版编目(CIP)数据

奶牛实用繁殖技术/王守勋等编著．—北京：金盾出版社，2006.3
ISBN 978-7-5082-3938-5

Ⅰ.奶… Ⅱ.王… Ⅲ.乳牛-饲养管理 Ⅳ.S823.9

中国版本图书馆 CIP 数据核字(2006)第 012181 号

金盾出版社出版、总发行
北京太平路5号(地铁万寿路站往南)
邮政编码：100036 电话：68214039 83219215
传真：68276683 网址：www.jdcbs.cn
北京金盾印刷厂印刷
第七装订厂装订
各地新华书店经销

开本：787×1092 1/32 印张：5.75 字数：127千字
2009年1月第1版第2次印刷
印数：13001—24000册 定价：9.00元
(凡购买金盾出版社的图书，如有缺页、
倒页、脱页者，本社发行部负责调换)

前　言

我国是一个拥有13亿人口的发展中国家,乳制品消费市场十分巨大,同时我国又是一个农业大国,农村秸秆饲料资源丰富,这为发展奶牛业奠定了良好的物质基础。所以,我国是世界上发展奶牛业最有前途和潜力的国家,在我国发展奶牛业不但能改善人民的饮食结构,而且也是一项长期的富民工程。

近年来,我国在畜牧业的发展战略中将发展奶牛业作为畜牧业结构调整的重要方向,"十五"期间农业部制定了奶业优势区域发展规划,重点对我国奶业发展的优势区域给予资金支持。科技部为解决制约我国奶业发展中的重大技术问题实施了国家奶业重大科技专项课题。由于党和政府对奶牛业的高度重视,使我国奶牛业发展速度大幅度加快,同时取得了巨大的成就。但是,我国奶牛业仍然存在着许多不足,如良种奶牛数量少,产奶牛单产水平低、利用年限短、经济效益差等。这些问题的解决,需要加快奶牛的繁殖改良速度,促进奶牛育种工作的进程;需要将先进的实用繁殖技术在最短时间内得到推广和应用;需要增加掌握繁殖技术人员的数量,提高奶牛业生产技术人员的整体素质。只有这样,我国的奶牛业才能向高产优质的方向健康发展。

笔者在本书的编写过程中,力求做到知识的科学性与技术的实用性,但仍因水平和精力所限,不尽完善之处在所难免,恳请广大读者提出宝贵意见,使之日臻完善。

编著者
2005年8月

目 录

第一章 母牛的生殖器官及其功能 ……………………… (1)
  一、卵巢的基本结构和功能 ……………………………… (2)
  二、生殖道和外生殖器官 ………………………………… (2)
    (一)输卵管 …………………………………………… (2)
    (二)子宫 ……………………………………………… (3)
    (三)阴道 ……………………………………………… (4)
    (四)尿生殖前庭、阴唇及阴蒂 ……………………… (6)

第二章 生殖激素及其应用 …………………………… (7)
  一、生殖激素概述 ………………………………………… (7)
  二、生殖激素的分类及作用 ……………………………… (8)
    (一)神经激素(下丘脑激素) ……………………… (10)
    (二)垂体促性腺激素 ……………………………… (12)
    (三)性腺激素 ……………………………………… (13)
    (四)胎盘激素 ……………………………………… (16)
    (五)前列腺素和外激素 …………………………… (17)
  三、常用合成激素及其应用 ……………………………… (18)
    (一)促排3号(LRH-A3) …………………………… (18)
    (二)氯前列烯醇 …………………………………… (18)
    (三)催产素(OXT) ………………………………… (18)
    (四)黄体酮 ………………………………………… (18)
    (五)甲基硫酸新斯的明($OXT_甲$) ……………… (19)
    (六)消炎痛($-PGF_{2\alpha}$) ……………………… (19)

第三章 母牛的发情鉴定技术 ………………………… (20)
  一、母牛的发情及发情周期……………………………… (20)

(一)初情期、性成熟与体成熟 …………………… (20)
　　(二)发情规律 ………………………………………… (21)
　　(三)卵子的发生和卵泡的发育 …………………… (21)
　　(四)发情的概念 …………………………………… (24)
　　(五)发情周期 ……………………………………… (26)
　　(六)排卵时间 ……………………………………… (27)
　　(七)发情周期中母牛的主要生理变化 …………… (28)
　二、母牛的发情鉴定方法 ……………………………… (30)
　　(一)外部观察法 …………………………………… (30)
　　(二)直肠检查法 …………………………………… (33)
　　(三)阴道检查法 …………………………………… (35)

第四章　人工授精 ……………………………………… (36)
　一、人工授精在奶牛业生产中的意义及发展历史 …… (36)
　　(一)人工授精在奶牛业生产中的意义 …………… (36)
　　(二)人工授精的发展历史 ………………………… (37)
　二、奶牛冷冻精液人工授精技术 ……………………… (38)
　　(一)器械的消毒 …………………………………… (38)
　　(二)冷冻精液的解冻 ……………………………… (39)
　　(三)冷冻精液品质的鉴定 ………………………… (43)
　　(四)输精 …………………………………………… (48)

第五章　受精 …………………………………………… (50)
　一、配子的运行 ………………………………………… (50)
　　(一)精子的运行 …………………………………… (50)
　　(二)卵子的运行 …………………………………… (51)
　二、配子的成熟 ………………………………………… (51)
　　(一)精子的获能 …………………………………… (51)
　　(二)卵子的成熟 …………………………………… (52)

三、精卵结合受精 ……………………………………… (53)
第六章 妊娠与妊娠诊断 ………………………………… (56)
一、妊娠 ………………………………………………… (56)
(一)胚胎的早期发育 ………………………………… (56)
(二)胚胎的附植 ……………………………………… (58)
(三)胎膜和胎盘 ……………………………………… (59)
(四)胎犊的生长 ……………………………………… (61)
(五)妊娠母牛的生理变化 …………………………… (62)
二、妊娠诊断 …………………………………………… (63)
(一)常规妊娠诊断方法 ……………………………… (64)
(二)极早期(16±1天)妊娠诊断方法 ……………… (66)
(三)奶牛妊娠诊断时的异诊 ………………………… (70)

第七章 分娩和助产 ……………………………………… (71)
一、分娩 ………………………………………………… (71)
(一)分娩发动的机制 ………………………………… (71)
(二)分娩预兆 ………………………………………… (72)
(三)产道及分娩时胎犊同母体的空间关系 ………… (73)
(四)分娩的过程 ……………………………………… (74)
(五)母牛分娩前后的管理 …………………………… (76)
二、助产 ………………………………………………… (80)
(一)产前的准备工作 ………………………………… (80)
(二)助产时的注意事项 ……………………………… (80)
(三)新生犊牛的管理 ………………………………… (82)

第八章 奶牛不孕症的防治技术 ………………………… (83)
一、产前不孕症 ………………………………………… (84)
(一)异性孪生母犊不孕 ……………………………… (84)
(二)幼稚型母牛不孕 ………………………………… (85)

(三)由于人工授精及治疗不当引发母牛不孕 …… (85)
　　(四)胚胎早期死亡造成母牛不孕 ………………… (86)
二、产后不孕症………………………………………………(88)
　　(一)助产不当引发不孕 …………………………… (88)
　　(二)产后护理不当引发不孕 ……………………… (88)
　　(三)产后发情观察和直肠检查不到位引发不孕 … (89)
　　(四)卵巢囊肿引发不孕 …………………………… (90)
　　(五)产后子宫内膜炎引发不孕 …………………… (91)

第九章　奶牛的胚胎移植技术 ……………………………(93)
一、奶牛的胚胎移植技术概述………………………………(93)
　　(一)胚胎移植技术在奶牛业生产中的重要性 …… (93)
　　(二)应用胚胎移植技术的基本原则 ……………… (95)
二、供体牛的选择与同期发情………………………………(96)
　　(一)供体牛的选择 ………………………………… (96)
　　(二)供体牛的同期发情处理 ……………………… (96)
三、供体牛的超数排卵技术…………………………………(99)
　　(一)注射孕马血清促性腺激素(PMSG)法 ……… (99)
　　(二)注射促卵泡素(FSH)法 …………………… (100)
四、胚胎的采集及鉴定技术 ……………………………… (102)
　　(一)胚胎的采集技术 …………………………… (102)
　　(二)胚胎的级别鉴定技术 ……………………… (107)
　　(三)胚胎的洗涤 ………………………………… (109)
五、胚胎的冷冻保存与解冻技术 ………………………… (112)
　　(一)胚胎的冷冻保存技术 ……………………… (112)
　　(二)胚胎的解冻技术 …………………………… (115)
六、受体牛的选择及胚胎移植技术操作步骤 …………… (117)
　　(一)受体牛的选择……………………………… (117)

(二)胚胎移植操作步骤 …………………………………(119)
第十章　奶牛的选种选配技术 …………………………(121)
　一、奶牛选种的概述 ………………………………………(121)
　二、奶牛选种的名词术语 …………………………………(122)
　　(一)线性外貌评定制………………………………………(122)
　　(二)遗传学 ………………………………………………(122)
　　(三)遗传 …………………………………………………(123)
　　(四)变异 …………………………………………………(123)
　　(五)配子 …………………………………………………(123)
　　(六)合子 …………………………………………………(124)
　　(七)纯合子 ………………………………………………(124)
　　(八)杂合子 ………………………………………………(124)
　　(九)基因型 ………………………………………………(124)
　　(十)表现型 ………………………………………………(124)
　　(十一)纯种 ………………………………………………(124)
　　(十二)基因频率 …………………………………………(125)
　　(十三)随机交配 …………………………………………(125)
　　(十四)质量性状 …………………………………………(126)
　　(十五)数量性状 …………………………………………(127)
　　(十六)遗传进展 …………………………………………(128)
　　(十七)世代间隔 …………………………………………(128)
　　(十八)杂种 ………………………………………………(128)
　三、奶牛育种的基础工作 …………………………………(129)
　四、奶牛选种选配的技术要点 ……………………………(130)
　　(一)育种目标与经济评估 ………………………………(130)
　　(二)选种 …………………………………………………(130)
第十一章　奶牛场有效繁殖管理技术…………………(133)

一、我国奶牛业发展现状及搞好繁殖管理的意义 …… (133)
二、奶牛场有效繁殖管理的措施 …………………… (134)
 (一)科学的营养 ………………………………… (134)
 (二)繁殖记录符号的使用 ……………………… (138)
 (三)奶牛场繁殖管理记录的填写 ……………… (140)
 (四)记录档案的统计分析 ……………………… (142)
 (五)改进繁殖技术和方法,推广繁殖新技术 …… (144)
 (六)编制年度配种繁殖计划 …………………… (144)
附录 ……………………………………………………… (145)
 附录一 牛冷冻精液国家标准 …………………… (145)
 附录二 家畜人工授精技术操作规程 …………… (155)
 附录三 奶牛繁殖技术管理规范 ………………… (160)
 附录四 国内部分冷冻精液生产单位一览表……… (165)
 附录五 国内部分液氮罐生产与销售厂家一览表… (169)
参考文献 ……………………………………………… (173)

第一章 母牛的生殖器官及其功能

母牛的生殖器官由卵巢、输卵管、子宫、阴道、尿生殖前庭、阴唇和阴蒂组成。卵巢是母牛的性腺,输卵管、子宫、阴道和尿生殖前庭构成母牛的内生殖道(图 1-1),阴唇和阴蒂为母牛的外生殖器官。

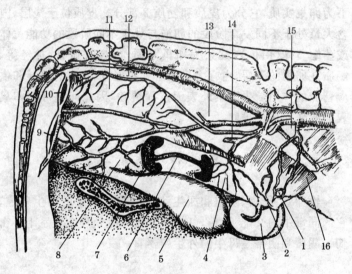

图 1-1　母牛生殖器官位置关系(右侧观)

(摘自《家畜繁殖学(第二版)》)

1. 卵巢　2. 输卵管　3. 子宫角　4. 子宫体　5. 膀胱　6. 子宫颈管
7. 子宫颈阴道部　8. 阴道　9. 阴门　10. 肛门　11. 直肠
12. 荐中动脉　13. 子宫后动脉　14. 子宫中动脉
15. 子宫卵巢动脉　16. 子宫阔韧带

一、卵巢的基本结构和功能

母牛的卵巢有 1 对,由卵巢系膜将其悬挂在骨盆腔的左、右两侧。其大小和位置常因个体、年龄、发情周期和妊娠等生理状况的不同而有相应的变化。卵巢具有产生卵子和分泌数种调节母牛生殖功能的生殖激素的功能,其中最重要的是雌激素和孕激素。卵巢的表层为生殖上皮,其下为白膜。白膜下为卵巢实质,它分为皮质和髓质 2 部分。皮质位于浅层,内含大量处于不同发育阶段的卵泡与处于不同阶段的功能黄体或萎缩黄体(白体),其余为卵巢基质,内含有血管、神经等。髓质在卵巢的深层,内有大量血管和神经分布,具有输导和供应营养的作用。牛卵巢外表无浆膜覆盖,因此卵泡可在卵巢表面的任何部位排卵。

二、生殖道和外生殖器官

输卵管、子宫、阴道和尿生殖前庭构成母牛的内生殖道,它们同母牛的交配、受精、妊娠和分娩等生殖环节关系十分密切。阴唇和阴蒂是母牛的外生殖器官。

(一)输卵管

输卵管 1 对,是连接卵巢和子宫的管道。输卵管和卵巢一起悬挂于卵巢—输卵管系膜上。输卵管的一端与子宫角的尖端相连,另外一端扩张成伞状与腹腔相通,称为输卵管伞。母牛排卵时,由它接纳卵子。输卵管根据其管腔的粗细可分为2段,近卵巢段较粗,称输卵管壶腹部,是精子与卵子结合受精的部位;近子宫段较细,称为输卵管峡部。输卵管壁由内向外依次为黏膜层、肌层和浆膜层。

(二)子 宫

分为子宫角、子宫体和子宫颈3个主要部分。

1. 子宫角和子宫体 由子宫阔韧带悬挂在骨盆腔内,妊娠后随胎犊的发育逐渐垂入腹腔。子宫角弯曲呈绵羊角状,尖端细,基部粗。子宫角和子宫体是中空的管道,子宫壁由内向外分别由黏膜层、肌层和浆膜层构成。肌层又由内、外2层纵行肌和中间的环形肌组成,具有很强的伸缩能力,以适应妊娠期间胎犊日益增长的需要。牛的子宫内膜上有许多阜状物,称为子宫阜,妊娠期间同胎犊绒毛膜上的绒毛共同构成子叶胎盘。牛子宫体前段内部被一隔膜不完全地分隔成左、右两间,称为双间子宫。在子宫体的前段外表也有相应的一道纵行的凹沟,称为角间沟。妊娠后,随胎犊的发育逐渐展平,可作为妊娠诊断的依据之一(图1-2)。

2. 子宫颈 为子宫与阴道之间连接的通道,管道坚韧而厚实。一般母牛子宫颈长6～10厘米,宽2.5～4厘米,有较厚的环形肌。其前端通向子宫体,后端伸入阴道,构成子宫颈的阴道部。子宫颈阴道部粗壮,其黏膜上有放射状皱褶,经产牛的皱褶有时肥大如菊花苞状。子宫颈肌的纵行层与环形层之间有一层稠密的血管网,子宫颈破裂时出血很多。还有3～4道环形皱褶彼此嵌合,将子宫颈严密封闭。因此,在插入输精枪、冲卵管、移植枪、注药管或冲洗管等器械时,都要借助直肠把握法,避开这些皱褶,以防造成损伤。母牛发情时,子宫

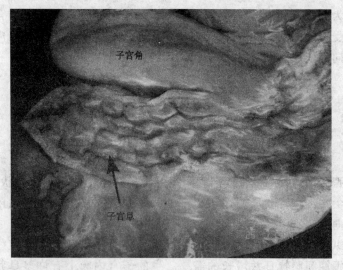

图 1-2 子 宫

颈口开张,有利于输精和精子的运行;休情和妊娠时子宫颈口紧闭,有利于妊娠;分娩时充分扩张,有利于胎犊的产出(图1-3,图1-4)。

(三)阴 道

阴道又称为膣,为母牛的交配器官,也是产道。呈扁管状,上为直肠,下为膀胱和尿道,两侧是骨盆腔的侧壁。子宫颈阴道部周围的阴道腔称为阴道穹隆。阴道壁由肌层和黏膜层构成,在肌层的外面,除阴道的前端被有浆膜外,其余部分均由骨盆内的疏松结缔组织包围。牛的阴道长22~25厘米,穹隆的下部较浅,上部明显。

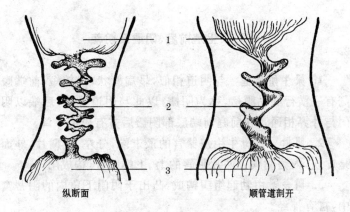

图 1-3　母牛子宫颈的环形皱褶
1. 子宫　2. 子宫颈　3. 阴道

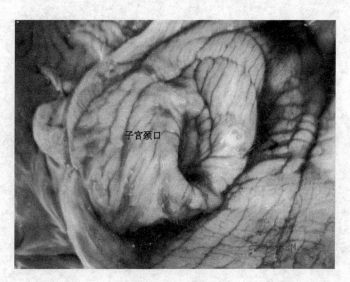

图 1-4　子宫颈

(四)尿生殖前庭、阴唇及阴蒂

1. 尿生殖前庭 与阴道相似,呈扁管状,但较短,前端腹侧有一横行的黏膜褶,称为阴瓣,以此与阴道分界;后端以阴门与外界相通。在前庭前端底部阴瓣后方有尿道外口。

2. 阴唇 是母牛生殖器官的最末端,分左、右两片,外面是皮肤,内为黏膜。两片阴唇的上、下端联合,构成阴门。

3. 阴蒂 由勃起组织构成,凸出于阴门下角内的阴蒂窝中,富有神经。

第二章 生殖激素及其应用

一、生殖激素概述

奶牛的生殖过程主要包括发情、配种(输精)、受精、妊娠、分娩和产后生殖功能恢复等一系列复杂的生理变化。既要求生殖器官按严格的规律运转,也需要其他器官的协调配合,以及群体内个体间的相互影响。神经和中枢神经系统通过控制生殖激素的分泌来调节公、母牛生殖过程的各个环节,完成相应的生殖活动。如果生殖激素分泌失衡,将导致公牛或母牛繁殖功能紊乱,出现繁殖障碍。随着生物科学的迅速发展,人类利用外源生殖激素控制奶牛繁殖过程的技术得到广泛应用,如发情控制、超数排卵和胚胎移植等,这些新技术的应用必将进一步促进奶牛繁殖潜力的开发,促进奶牛规模化养殖,加速奶牛品种改良,加快奶牛业的发展。

传统意义上的"激素",是指由某器官(或腺体)合成和分泌的一种或几种微量生物活性物质,经血液循环运送到机体各部分及特定的器官或组织,并使之产生特异生理反应者称为激素。其中一类直接作用于生殖活动,并以调节生殖过程为主要生理功能的激素叫"生殖激素"。通常把合成和分泌激素的器官或细胞叫做"内分泌器官或细胞",而把接受并对某种激素作出相应生理反应的器官或细胞叫"靶器官"或"靶细胞"。

二、生殖激素的分类及作用

生殖激素的种类很多,根据产生部位和调节关系可分为以下几个主要类型(表1)。

表1 生殖激素的种类、来源及主要功能

种 类	名 称	简称	来源	主要作用	化学特性
神经激素	促性腺激素释放激素	GnRH	下丘脑	促进垂体前叶释放促黄体素(LH)及促卵泡素(FSH)	十肽
	松果腺激素		松果腺	抑制哺乳动物性成熟;将外界周期性的光照刺激转变为内分泌信息	小分子肽或氨基酸衍生物
	催产素	OXT	下丘脑合成,垂体后叶释放	子宫收缩,排乳	九肽
垂体促性腺激素	促卵泡素(卵泡刺激素或促卵泡成熟素)	FSH	垂体前叶	促使卵泡发育成熟,促进精子发生	糖蛋白

续表1

种类	名称	简称	来源	主要作用	化学特性
垂体促性腺激素	促黄体素（黄体生成素或间质细胞刺激素）	LH或ICSH	垂体前叶	促使卵泡排卵，形成黄体；促进孕酮、雌激素及雄激素的分泌	糖蛋白
	促乳素（催乳素或促黄体分泌素）	PRL(LTH)	垂体前叶	促进黄体分泌孕酮，刺激乳腺发育及泌乳，促进睾酮的分泌	糖蛋白
性腺激素	雌激素（雌二醇为主）	E_2	卵巢胎盘	促进发情行为，反馈控制促性腺激素分泌，促进雌性生殖管道发育，增强子宫收缩力	类固醇
	孕激素（孕酮为主）		卵巢黄体胎盘	与雌激素共同作用于发情行为，抑制子宫收缩，促进子宫腺体及乳腺泡发育，抑制促性腺激素的作用	类固醇
	雄激素（睾酮为主）		睾丸间质细胞	维持雄性第二性征和副性器官，刺激精子发生、性欲及好斗性	类固醇

续表1

种类	名称	简称	来源	主要作用	化学特性
性腺激素	松弛素		卵巢 胎盘	促使子宫颈、耻骨联合和骨盆韧带松弛,妊娠后期保持子宫松弛	多肽
	抑制素		睾丸 卵巢	参与性别分化,抑制 FSH 或 LH 分泌及作用等	多肽
胎盘激素	绒毛膜促性腺激素(人)	HCG	灵长类胎盘绒毛膜	与 LH 相似	糖蛋白
	孕马血清促性腺激素	PMSG	马胎盘	与 FSH 相似	糖蛋白
其他	前列腺素	PGs	广泛分布,以精液最多	多种生理作用,溶黄体作用	不饱和脂肪酸
	外激素			不同个体间的化学通讯物质	

(一)神经激素(下丘脑激素)

下丘脑是间脑的一部分,体积很小,占脑量的1/300,是中枢神经系统和内分泌系统两大调节体系的联结与转换枢纽。下丘脑内有许多神经核团,某些核团含有一类特殊的神经细胞,它们兼有神经细胞和内分泌细胞的双重功能,称神经内分泌细胞。这类细胞既能把上一级神经元的神经信息以神经介质的形式传递给下一级神经元(体现神经细胞的功能);又能把上一级神经信息转换成神经激素的分泌(体现内分泌功能),神经激素最后释放到血液里,通过循环系统输送到靶器官,引起相应的生理反应。

下丘脑—垂体门脉系统是下丘脑和腺垂体(垂体前叶)间的特殊联系。下丘脑是调节腺垂体合成分泌功能的中枢。由下丘脑产生的几种神经激素,首先被释放到下丘脑—垂体门脉系统,由它直接带到腺垂体,调节腺垂体的功能。这种特殊的联系具体表现为:下丘脑动脉进入下丘脑以后,形成毛细血管网,再汇集成数根较大的血管,进入腺垂体,在这里又一次形成毛细血管网,最后汇入垂体静脉。这种两次形成毛细血管网的特殊形式称为下丘脑—垂体门脉系统。下丘脑同腺垂体间的这种联系,有助于把下丘脑神经内分泌细胞所产生的极微量的神经激素有效地运送到它的靶器官——腺垂体,以控制和调节其分泌功能。

下丘脑神经激素的种类很多,与生殖功能密切相关的主要有以下2种。

1. 促性腺激素释放激素(GnRH) 促性腺激素释放激素来源于下丘脑某几个区域的神经内分泌细胞,为十肽结构。由下丘脑产生的促性腺激素释放激素(GnRH)经下丘脑—垂体门脉系统可直接进入腺垂体,调控促黄体素(LH)和促卵泡素(FSH)的合成和释放。目前,从猪、牛和羊的下丘脑提纯的促性腺激素释放激素(GnRH),主要以促黄体激素释放素的形式存在。所以,目前又将促性腺激素释放激素写作

LHRH。其主要生理功能是:生理剂量能促进腺垂体促黄体素(LH)和促卵泡素(FSH)的合成和释放;大剂量、长期使用,会产生抑制、延缓胚胎附植和阻碍妊娠等抗生育作用。

国内生产的九肽高效类似物 LRH-A1~A3(促排 1~3号),在奶牛业生产中常用于促进排卵和治疗卵泡囊肿。

2. 催产素(OXT) 催产素由下丘脑特定的细胞核团(视上核和室旁核)合成、分泌,经轴突运至垂体后叶(神经垂体)贮存、释放,为九肽结构。其主要生理功能是:促进母牛生殖道平滑肌的收缩和蠕动,有利于精子的运行和分娩;刺激乳腺导管肌上皮细胞的收缩,引起排乳;促进母牛功能黄体的退化。

催产素的释放是一种神经反射过程。感受器位于外阴部、生殖道和乳房,适当地刺激(如按摩等)这些部位,可反射性地引起催产素的释放。

国产的催产素为九肽类似物,活性较高,常用于促进母牛分娩、加速胎犊产出、排出子宫内容物和治疗产后子宫出血等。催产素与雌激素合用有协同效果;与孕激素合用则产生拮抗作用。

(二)垂体促性腺激素

垂体位于脑下部的蝶鞍(蝶骨内的一个凹陷处)内,体积很小,牛的垂体重 2~5 克,是牛最重要的内分泌器官之一。垂体分前、后两叶,前叶称腺垂体,后叶称神经垂体。

垂体促性腺激素有 3 种,分别是促卵泡素(FSH)、促黄体素(LH)和促乳素(PRL),都是由腺垂体合成和分泌的。

1. 促卵泡素(FSH) 促卵泡素由腺垂体产生,为糖蛋白激素。对公、母牛的生理作用不同。

母牛:可促进卵巢上卵泡的生长发育;促进卵泡合成雌激素

(先由内膜细胞合成雄激素,然后由颗粒细胞转化为雌激素),引起母牛的发情表现;增加发育卵泡的数量,引起超数排卵。

公牛:促卵泡素的靶细胞是精细管的足细胞,在促卵泡素的作用下,一是产生雄激素结合蛋白,可以与雄激素结合,提高和维持精细管内雄激素的浓度,促进精子的发生;二是可以产生抑制素,通过负反馈抑制腺垂体促卵泡素的分泌,使血液中的促卵泡素保持相对稳定。

2. 促黄体素(LH) 促黄体素由腺垂体促黄体素细胞分泌,属于糖蛋白激素,其主要生理功能如下。

母牛:促黄体素的靶细胞是卵泡内膜细胞和黄体细胞。促黄体素与促卵泡素协同作用,可促进卵泡的生长、发育和成熟。进而由促黄体素引起成熟卵泡排卵,形成黄体;促进黄体合成和分泌孕酮,维持妊娠。

公牛:促黄体素的靶细胞是睾丸间质细胞。在促黄体素的作用下,可使睾丸间质细胞产生雄激素。促黄体素与促卵泡素协同,可维持精子的发生。

3. 促乳素(PRL) 促乳素又称促黄体分泌素(LTH),是由垂体前叶嗜酸性粒细胞所分泌的一种蛋白质激素。另外,在妊娠后期,胎盘也能分泌促黄体分泌素(LTH)。其主要生理功能是:与雌激素协同可刺激乳腺发育,促进乳汁合成与分泌;促使和维持黄体分泌孕酮;增强公牛的繁殖行为和母牛的母性;维持睾酮的分泌,同时和雌激素协同,刺激公牛副性腺发育。

(三)性腺激素

性腺是指公牛的睾丸和母牛的卵巢。性腺具有产生配子

(精子或卵子)和分泌性腺激素的双重功能。

1. 睾丸激素 包括雄激素与抑制素2种。

(1)**雄激素** 是由睾丸间质细胞分泌的一种激素,为类固醇激素,其主要形式是睾酮。此外,肾上腺皮质和母牛的卵巢也能分泌少量雄激素。睾酮分泌后一般很快被身体分解利用,其降解产物通过血液循环和消化道排出体外。其主要生理功能是:支持精子的发生,延长精子在睾丸中的寿命;维持公牛副性器官的形态和功能;促进公牛第二性征的发育,如骨骼粗大、肌肉发达;激发公牛的性欲并决定其社群地位;促进机体蛋白质合成,反馈调节下丘脑和垂体对于促性腺激素释放激素和促性腺激素的分泌和释放,维持体内激素平衡。

常用的人工合成雄激素类似物有丙酸睾丸素(丙酸睾酮),主要用以治疗和改进公牛由于雄激素不足或缺乏引起的繁殖障碍。

(2)**抑制素** 主要来自睾丸精细管上皮的足细胞,少量产生于母牛卵巢中的卵泡细胞,属于多肽类激素。其主要生理功能是:在垂体水平上抑制促卵泡素(FSH)的分泌和释放。

2. 卵巢激素 包括雌激素、孕激素和松弛素。

(1)**雌激素** 主要是由母牛卵巢卵泡颗粒细胞和卵泡内膜细胞共同产生,另外卵巢间质细胞、黄体、胎盘、肾上腺也可分泌。公牛的睾丸也能少量的分泌雌激素,属类固醇激素。机体内的多种雌激素中以17β-雌二醇的生理活性最强。其主要生理功能是:促进未成熟母牛生殖器官的发育;在母牛发情期,促使发情表现和生殖道的生理变化,如促进阴道上皮增生和防止角化,以利于交配;促使子宫颈松弛,黏液变稀,以利于精子通过;促使子宫内膜及肌层增厚,刺激子宫肌层收缩,有利于精子通过和妊娠;促使输卵管增长,使其肌层活动,有利于精子和卵子运行;促进乳腺管状系统的生长发育;促使耻骨联合松弛,抑制长骨生长(所以一般成熟母牛都较公牛个体小);促使睾丸萎缩,副性器官退化,最后造成不育。雌激素对生殖器官的作用,常与孕酮相互协同作用。

常用的人工合成雌激素类似物为二丙酸雌二醇和戊酸雌二醇等。在生产上,配合其他药物(如三合激素)可治疗胎衣不下、母牛发情表现微弱、刺激泌乳等。

(2)孕激素 主要来自母牛卵巢的黄体和胎盘,肾上腺皮质和睾丸亦能少量分泌。孕激素的主要形式为孕酮,其生理活性最高。孕激素也属于类固醇激素。其主要生理功能是:在正常情况下,少量孕酮和雌激素协同作用于母牛的生殖活动,促使母牛发情,但大量的孕酮能够和雌激素抗衡,抑制发情,降低中枢神经系统的兴奋性;促进子宫黏膜层加厚,腺体弯曲度增加、分泌功能增强,有利于胚胎附植;维持母牛的妊娠,促进孕期子宫和胎盘的发育,促进乳腺的发育;促使子宫颈口和阴道收缩,使子宫颈黏液变稠,形成阴道栓,以利于保胎;改进母牛的合成代谢,促使孕牛增膘;反馈调节下丘脑和垂体的生殖内分泌功能。

孕激素主要用于控制母牛发情,防止功能性流产,也可治疗卵巢囊肿和卵泡囊肿等。常用的合成孕激素类似物主要有黄体酮、甲地孕酮、炔诺酮等。

(3)松弛素 产生于母牛妊娠后期的黄体,以及子宫和胎盘,属水溶性多肽类激素。其主要生理功能是:在母牛分娩时,松弛素能够使骨盆韧带松弛和耻骨联合开张,有助于胎犊的顺利产出,但松弛素必须首先在雌激素和孕激素预先致敏后才能发挥作用。

目前国内已有 3 种松弛素制剂,分别为:Releasin(主要成分为松弛素)、Cervilaxin(以子宫松弛因子为主)和 Lutrexin(以黄体协同因子为主)。主要用于子宫镇痛、预防流产和早产,促进子宫颈松弛和诱导临产分娩等。

(四)胎盘激素

胎盘是母畜妊娠期间所特有的一种临时性内分泌器官,几乎具有垂体和性腺两种器官的全部内分泌功能。各种家畜的胎盘都能产生雌激素、孕激素、松弛素和催产素;而马属动物和灵长类的胎盘可产生两种重要的促性腺激素。

1. 孕马血清促性腺激素(PMSG) 孕马血清促性腺激素来源于马妊娠后子宫内膜杯状组织,属于糖蛋白激素。母马妊娠2~4个月,其血液中含量最高,是提取孕马血清促性腺激素的最佳时间。孕马血清促性腺激素具有促卵泡素(FSH)和促黄体素(LH)的双重作用,但以促卵泡素作用为主。在生产中,一般用作促卵泡素的代用品,用以诱发动物超数排卵、治疗卵巢静止、卵泡发育停滞等。由于其半衰期过长,有时会影响处理效果,在使用中应注意这个问题。

2. 人绒毛膜促性腺激素(HCG) 人绒毛膜促性腺激素来源于人及其他灵长类绒毛膜的合胞体,妊娠1.5~4个月的妇女尿中含量很高,也称孕妇尿激素。孕妇尿和刮宫废弃物常作为提取人绒毛膜促性腺激素的原料,也属糖蛋白激素。人绒毛膜促性腺激素的生理作用与促黄体素(LH)相似,可以促进卵泡成熟、排卵和形成黄体。其商品制剂是促黄体素的廉价代用品,常用于促进动物排卵,治疗排卵延迟或卵泡囊肿,增强超数排卵和同期发情时的同期排卵效果。

(五)前列腺素和外激素

前列腺素和外激素并不符合内分泌激素的传统定义,并非由特定的内分泌腺产生,经血液运送至靶器官或靶组织,行使其调节功能的激素,但是它们却具有激素的生理功能。

1. 前列腺素(PGs) 前列腺素早期在精液中发现,被认为是前列腺产生,并由此得名。现已证实,前列腺素存在于机体多种组织中,是具有生物活性的类脂物,属 20 个碳原子不饱和脂肪酸的衍生物。由于前列腺素在血液循环中消失很快,其作用主要限于相邻组织,故又称为局部激素。前列腺素的种类很多,在奶牛繁殖上以 $PGF_{2\alpha}$ 应用最广,其主要生理功能是:促进卵巢功能黄体的退化;促进排卵;刺激子宫和输卵管平滑肌的收缩;参与受精过程,促进睾酮分泌。人工合成的 $PGF_{2\alpha}$ 类似物主要有氯前列烯醇、15-甲基 $PGF_{2\alpha}$ 等,主要用于同期发情、超数排卵、治疗持久黄体和子宫内膜炎等。

2. 外激素(Pheromone) 外激素是由动物体释放至体外,并可引起同类动物行为和生理反应的一种化学物质。外激素是由外激素腺体释放的。外激素腺体分布很广泛,遍及身体各处,靠近体表,主要有皮脂腺、汗腺、唾液腺、下颌腺、泪腺、耳下腺、包皮腺、尾下腺、肛腺、会阴腺、跗腺、腹腺等。有些家畜的尿液和粪便中亦含有外激素。

哺乳动物的外激素,大致可分为信号外激素、诱导外激素和行为外激素,其中包括识别行为、进攻行为和性行为外激素等。对家畜繁殖来说,性行为外激素(简称性外激素)比较重要。如可进行母畜的试情、促进性成熟、辅助公畜采精训练等。

三、常用合成激素及其应用

为了提高奶牛繁殖效率,在生产实践中,常用的合成激素及使用方法如下。

(一)促排 3 号(LRH-A3)

给母牛输精时肌注 100～200 单位可以促进排卵。

(二)氯前列烯醇

英国生产的 ICI-80996,肌注 0.5 毫克可促使性周期黄体消退,用药 2～3 天后母牛表现发情,可以配种妊娠。国产氯前列烯醇肌注 0.2～0.3 毫克,宫注 0.15～0.2 毫克,可以治疗奶牛永久黄体或黄体囊肿等。

(三)催产素(OXT)

治疗产后胎衣不下及子宫内容物的排出。其用量为30～50 单位,在使用前 48 小时必须首先用雌激素处理,以增强子宫对催产素的敏感性。

(四)黄 体 酮

肌内注射时,剂量为 50～60 毫克,有利于胚胎附植,并可调节卵巢黄体功能。如隔天分 3 次注射 400 毫克,则可预防因母牛孕酮分泌不足所导致的流产。

(五)甲基硫酸新斯的明($OXT_甲$)

可按催产素的功能应用,治疗产后胎衣不下和子宫内膜炎等。

(六)消炎痛($-PGF_{2α}$)

与前列腺素($PGF_{2α}$)是一对拮抗的激素制剂。如果母牛产后子宫复旧不良,发情不规律,这是由于不良子宫分泌前列腺素($PGF_{2α}$)浓度太高,每次发情不能形成正常性周期黄体,如遇此种情况,可以用消炎痛治疗。

第三章 母牛的发情鉴定技术

一、母牛的发情及发情周期

(一)初情期、性成熟与体成熟

1. 初情期 即青年母牛第一次发情和排卵的年龄,一般为6~12月龄。初情期受品种、营养水平和体重的影响。一般体格小的品种初情期较体格大的品种出现得早,如娟姗牛初情期平均为8月龄,荷斯坦牛为11月龄。在同一品种内,营养水平直接影响初情期的月龄。由于初情期母牛的生殖器官尚未发育成熟,虽具有发情征象,但发情表现不完全,发情周期也不正常。初情期是母牛性成熟的开始,此时母牛身体和生殖器官发育最快。在初情期之后一段时间,母牛才达到性成熟。

2. 性成熟 母牛生长发育到一定年龄,生殖器官基本发育完全,具备了正常的繁殖能力,即出现正常的发情,能产生雌激素和成熟的卵子,此时称为性成熟,一般为8~14月龄。性成熟受品种、饲养管理、气候等因素影响。

3. 体成熟 是指母牛全身各部分器官完全发育成熟,具备了成年牛所固有的形态结构和生理功能。体成熟较性成熟晚,所以在性成熟的时候并不适宜于配种。母牛的配种适龄要根据体成熟的时间来确定,过早或过迟配种都不利于生产。

(二)发情规律

1. 初配适龄 标准化饲养的奶牛初配适龄一般为18月龄,但为了提早产犊,可以以母牛体重为参考,如大型品种,青年母牛体重达到300千克时,就可以配种。

2. 发情季节 奶牛为全年发情动物,一年中除妊娠时发情周期停止外,正常母牛均可常年发情,一般每隔18～24天,平均21天发情1次,繁殖年限受饲养管理水平影响,一般在15～22岁,但在泌乳高峰期过后就应淘汰,以提高奶牛场经济效益。严寒和炎热均会影响奶牛的发情,因此冬季应提高饲养管理水平,夏季应采取降温措施,以利于奶牛的发情与配种。

3. 产后发情 指母牛产后第一次发情出现的时间。奶牛产后常会出现1次安静发情,只排卵而无发情表现,一般出现于产后20天左右。奶牛产后第一次正常发情配种的时间为产后35天左右,尤以产后50～60天配种为好。

(三)卵子的发生和卵泡的发育

1. 卵子的发生 卵子的发生需经历以下3个阶段。

(1)卵原细胞的增殖和初级卵母细胞的形成 胚胎性分化后,雌性胎犊卵巢上的性原细胞和卵原细胞通过有丝分裂,产生大量的初级卵母细胞。

(2)初级卵母细胞的第一次成熟分裂和次级卵母细胞的形成 当初级卵母细胞形成后,立即开始第一次成熟(减数)分裂,随后被卵巢中的卵泡细胞包围,使初级卵母细胞的成熟分裂停止于前期的双线期,出现第一次休眠。直到母牛初情期到来,即第一次排卵前,在血液中 LH—FSH 峰值的作用下,使初级卵母细胞解除休眠,恢复成熟分裂,称为复始。第一次成熟分裂产生1个极体(第一极体)和1个次级卵母细胞,随即排卵。

(3)第二次成熟分裂和单倍体卵的形成　次级卵母细胞进入输卵管的受精部位即开始第二次成熟分裂,并于中期休眠,等待精子入卵,直到精子进入透明带激活卵母细胞,才最后完成第二次成熟分裂,产生第二极体和单倍体的卵,与精子受精(图3-1)。

2. 卵泡的发育　卵泡是同卵子发生和排卵密切相关的细胞集团,也是产生雌激素的主要部位。根据发育阶段,可分为原始卵泡、初级卵泡、次级卵泡、生长卵泡和成熟卵泡。各级卵泡的形态和体积差别很大,但其基本结构都是由不同形态和数量的卵泡细胞包围着1个初级卵母细胞。

卵泡发育首先是卵巢生殖上皮细胞分裂,形成1个细胞团,与生殖上皮脱离进入基质中。细胞团中有1个较大的细胞是卵原细胞,而整个的细胞团即为原始卵泡。由原始卵泡到成熟卵泡是一个渐进的发育过程,先是卵泡细胞由扁平、立方形变为圆形,由一层变为多层;逐渐形成透明带;卵泡膜逐渐分化;卵泡腔及卵泡液逐渐增加;最后形成卵丘。

卵泡在发育过程中,有很多在发育的不同阶段萎缩消失,只有一部分发育到排卵。如牛在每次发情中,一般只有1个卵泡最终发育成熟并排出卵子,个别也有2个的。奶牛的成熟卵泡直径一般为12～19毫米,成熟卵泡中的卵母细胞直到排卵前才恢复第一次成熟分裂。

3. 排卵和黄体的形成　　卵泡成熟后,在促黄体素

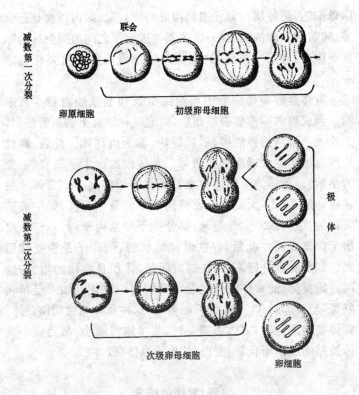

图 3-1 卵细胞的形成

(LH)、促卵泡素(FSH)和雌激素等一系列内分泌因素的调节下,首先出现卵丘游离。其中的初级卵母细胞恢复第一次成熟分裂,放出第一极体,形成次级卵母细胞。卵巢被膜局部破裂,卵泡壁自卵巢壁裂口处突出,形成乳头状排卵点,随后乳头突起破裂,包围卵子的卵丘细胞随卵泡液流出,黏附于卵巢表面,被输卵管伞接纳,进入输卵管。奶牛排出的卵为次级

· 23 ·

卵母细胞,最外层是卵丘细胞构成的放射冠,向内依次是透明带、卵黄膜和卵的实质部;卵黄膜与透明带之间的间隙称为卵黄周隙,内有第一极体,这也是卵母细胞成熟的重要标志之一。

黄体是破裂排卵后的卵泡细胞及卵泡壁细胞转变而来的。当成熟的卵泡破裂排卵后,卵泡膜和卵巢上的血管破裂,血液流入排空的卵泡腔,形成凝块,称为血红体。此后,颗粒层细胞增生变大进而形成黄体。黄体细胞产生孕激素(主要为孕酮)。黄体为动物体中血管最多的器官之一。黄体一般在排卵后7~10天发育至发情周期中的最大程度,如牛成熟黄体的直径为20~25毫米,部分位于卵巢内部,另一部分突出于卵巢表面。此后,存在时间的长短,依卵子是否受精而定。如已受精并妊娠,存在的时间长,体积且能稍为增大,这叫妊娠黄体,此黄体在分娩后才开始萎缩退化。如未受精和妊娠,至排卵后14~17天开始萎缩,这种黄体叫性周期黄体。黄体萎缩退化时,黄体细胞变性,黄体体积缩小,最后整个黄体被结缔组织所代替,变白,故称为白体(图3-2)。

(四)发情的概念

母牛达到性成熟后,在发情季节内每隔一定时间,卵巢内就有成熟的卵子排出。随着卵子的逐渐成熟与排出,母牛在生理状态、行为和生殖器官等方面都发生很大的变化,并表现出一定征象,这种现象称为发情。

发情是育龄空怀母牛与排卵密切相关的一种周期性的生殖生理现象。完整的发情应具备以下几个方面的变化。

1. 精神状态的变化 发情时母牛表现兴奋,敏感,活动

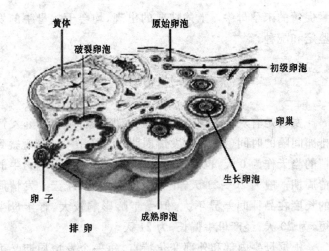

图 3-2 卵泡发育、排卵及黄体形成模式

增强,食欲减退,正在泌乳的奶牛产奶量下降。

2. 外阴部和生殖道的变化 主要表现为阴唇充血肿胀,有黏液流出,阴道黏膜潮红、滑润,子宫颈口开张。

3. 性欲表现 母牛在发情时相继出现力图接近公牛,爬跨其他母牛,接受公牛和其他母牛爬跨等现象。

4. 卵巢变化 卵巢上功能黄体已经退化,卵泡迅速发育并成熟和排卵。

在某些生理和病理情况下,母牛也会出现生理表现不完整的异常发情。如安静发情(或称隐性发情、静默发情、暗发情),即母牛缺乏发情表现,但卵巢上有成熟卵泡并排卵,这种发情可见于产后第一次发情、带犊、年轻和营养不良等情况;假发情(或称无排卵发情),即母牛有发情表现,但卵巢上无发育成熟的卵泡,多见于孕后发情的母牛和不合理使用外源激素促情的未孕母牛。上述情况的出现,均会干扰母牛的发情鉴定和配种。

(五)发情周期

发情是有规律的周期性生殖生理现象,两次相邻发情或排卵间隔的时间(天数)为发情周期。生产中一般把观察到发情的当天作为0天,也就是上个周期的最后一天。奶牛的发情周期一般为20~21天,正常范围是18~24天。发情周期的长度在品种间差异不大,但受年龄影响较大,青年母牛偏短,为20天;经产母牛偏长,为21天。

根据母牛内部和外部变化特点,每一个发情周期又可分为发情前期、发情期、发情后期、休情期和极早妊娠识别期5个阶段。

1. 发情前期 在正常情况下,达到性成熟尚未妊娠的母牛每18~24天发情1次,卵巢上一般有1个卵泡开始发育,此时卵巢上功能黄体已退化,将要排卵的卵泡迅速发育,其他发情表现相继出现,如试图爬跨其他母牛、闻嗅其他母牛、追寻其他母牛并与之为伴,同时兴奋不安、敏感、哞叫,阴门湿润且有轻度肿胀,但不接受爬跨。

2. 发情期 此期母牛的主要表现为爬跨其他母牛、闻嗅其他母牛的生殖器官,不停哞叫、频繁走动、敏感;两耳直立,弓背,腰部凹陷,荐骨上翘;阴门红肿,有透明黏液从阴门流出,尾部和后躯附有黏液;食欲差,产奶量下降;体温升高;因爬跨致使尾根部被毛蓬乱;愿意接受其他母牛的爬跨,在被其他母牛爬跨时站立不动,表示愿意接受交配,这是判断母牛发情的最佳时期。此后,母牛发情表现逐渐减弱,大约经过1天的时间,母牛从阴门流出更为黏稠的米黄色黏液,为发情的末后期,此期维持15~20小时,是人工授精的最佳时期。

3. 发情后期 此期母牛的发情表现主要为不接受其他牛的爬跨;发情母牛被其他母牛闻嗅或有时闻嗅其他母牛;没有透明黏液从阴门流出;尾部附着干燥的黏液;食欲逐渐恢复。

4. 休情期 此期卵泡发育缓慢或停止发育,卵泡开始退化和闭锁,黄体形成;母牛性欲已经完全停止,生殖器官处于相对稳定状态,精神状态恢复正常。

5. 极早妊娠母体识别期 此期又称机转期。如果母牛在人工授精后,精卵结合,则胚胎发出信号,指令性周期黄体机转为妊娠黄体,此后母牛进入妊娠期。如果精卵未结合,胚胎未形成,则没有机转指令,性周期黄体便会萎缩消退,母牛转入下一个发情周期。母牛一般在输精后第十六天左右进入该期。

(六)排卵时间

为了解排卵时间,可采用每间隔一定时间作直肠检查,直至排卵。这种测定方法以发情开始到排卵间隔的时数,或发情结束到排卵发生所间隔的时数来表示。生产中都是根据发情出现的时间来估计排卵时间和确定适宜的输精时间。牛的排卵时间,不同试验者的数据有一定差异,其范围(自发情开始到排卵的时间)为21~35小时。营养正常的母牛,其范围较集中,营养状况较差的母牛则相对分散。若依发情结束后计算,排卵通常发生在发情结束后10~12小时。

(七)发情周期中母牛的主要生理变化

1. 卵巢的变化 在母牛的发情周期中,卵巢也有相应的周期变化,称卵巢周期。这是发情周期生理变化的基础。卵巢周期可分为黄体期和卵泡期2个时期。

(1)黄体期 自排卵后黄体形成到黄体退化,相当于发情后期、休情期和极早妊娠识别期。这一时期,以黄体活动为主。排卵后,黄体形成,开始生长并分泌孕激素,排卵后9～10天达最大体积(直径20～25毫米),分泌功能也达高峰。若母牛未孕,黄体维持最大体积和功能只有数日,到排卵后14～15天开始退化,血液中孕酮浓度急剧下降,黄体体积迅速缩小。牛的黄体期为16～17天。在黄体期,机体处于高浓度的孕激素控制,尽管卵巢上可能出现较大卵泡和正在发育的卵泡,但不可能成熟排卵,也不会发情,并伴随部分卵泡的退化和闭锁。

(2)卵泡期 自上周期黄体退化到本周期的卵泡成熟排卵,相当于发情前期和发情期。上周期黄体退化后,卵巢上有1～2个卵泡迅速生长,2～3天内达成熟,母牛表现发情,随后排卵。卵泡期一般为5～6天,成熟卵泡直径12～19毫米。在卵泡期,卵泡在成熟过程中大量分泌雌激素,机体在雌激素控制下,母牛进入发情状态,卵泡迅速成熟、排卵。母牛发情期卵泡发育有如下变化。

①出现期(初期) 卵巢稍增大,卵泡突出卵巢表面不明显,感到表面有软化点。卵泡直径在0.5～0.7厘米,子宫颈柔软。

②卵泡发育期(盛期) 卵泡增大,突出于卵巢表面,感到

光滑有波动。卵泡直径达到 1~1.5 厘米,子宫颈稍变硬。

③卵泡成熟期(末期) 卵泡不再增大,明显突出于卵巢表面,光滑、皮薄,好似成熟的葡萄,有波动感。子宫颈变硬。

④排卵前期及排卵期(末后期) 卵泡壁表面紧张,波动感消失。有的卵泡液流失,卵子排出,卵巢体积小,有 2 层软皮感的排卵凹陷。子宫颈如成人的喉头状。

2. 生殖激素的变化 母牛在发情周期中,血液中几种主要生殖激素浓度会出现很大的波动(图 3-3)。

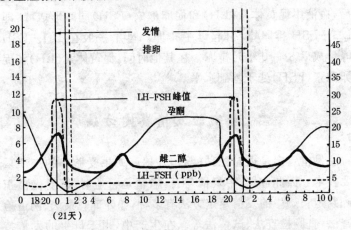

图 3-3 母牛发情周期中几种激素含量变化示意

(1)孕激素 在黄体期,血液中孕激素维持在峰值水平,黄体退化后,孕激素迅速降至基础水平。高水平的孕激素通过负反馈抑制下丘脑促性腺激素释放激素(GnRH)和促黄体素(LH)、促卵泡素(FSH)的分泌,致使黄体期卵泡不能成熟和排卵,也不表现发情。卵泡期孕激素水平最低。

(2)雌激素 在卵泡期,雌激素出现一个峰值;在黄体期,雌激素也有小的波动,但据组织学分析,排卵后7天左右还有一次大的波动。卵泡期,由于孕激素下降,负反馈抑制作用消除,使下丘脑促性腺激素释放激素(GnRH)和垂体促黄体素(LH)、促卵泡素(FSH)分泌加强,卵泡迅速发育成熟,同时分泌大量雌激素形成雌激素峰。母牛排卵前,高浓度的雌激素对下丘脑和垂体的正反馈作用,促使促黄体素(LH)和促卵泡素(FSH)的大量释放,导致LH—FSH排卵峰的形成。

(3)促黄体素(LH)和促卵泡素(FSH) 继雌激素峰之后,血液中促黄体素(LH)和促卵泡素(FSH)同时形成峰,即LH—FSH排卵峰,引起母牛排卵。母牛一般在LH—FSH峰形成后8～10小时排卵。在其他时间,促黄体素(LH)和促卵泡素(FSH)处于基础水平。

二、母牛的发情鉴定方法

发情鉴定是适时配种(输精)、提高奶牛受胎率的一项重要技术。因此,对母牛发情与否,输精是否适时,都要做出正确判定。奶牛的发情鉴定方法有多种,如外部观察法、阴道检查法、直肠检查法、试情法等。在生产中,由于母牛的发情持续期较其他家畜短,外部表现明显,因此发情鉴定多以外部观察法为主,并辅以阴道检查法和直肠检查法以确定母牛的发情情况。

(一)外部观察法

外部观察法主要是根据奶牛的外部表现来判断其发情程度,确定配种时间。奶牛发情时的征象往往表现为不安,时常哞叫,食欲减退,尿频,阴道流出透明的条状黏液附着在尾上或臀部。最显著的特征是:初期发情牛爬跨其他母牛,但不接受其他母牛的爬跨。到发情盛期时,发情牛才接受其他母牛的爬跨,继续观察如能呈现稳定站立状态,一般推后8~10小时输精(表2)。因为奶牛在夜间安静后发情较多,如果观察不到站立不动的具体时间,可于次日观察尾部、背、腰、臀部是否有被爬跨的痕迹,特别是尾根部被毛松散,有的会掉毛,皮肤发红,这就证明该牛晚间发情,应于次日傍晚输精(图3-4)。

图 3-4 发情母牛接受其他牛爬跨

上述特征有些牛明显,有些牛不明显,因此在生产中需仔细观察。观察时间一般每天4次,于6时、12时、18时、0时各观察1次,每次不少于半小时。根据台湾冯翰鹏教授的研究证明,有68%的奶牛特别是隐性发情和发情不规律且不明显的奶牛,在夜间安静时发情,故夜间观察特别重要。

表2 奶牛发情周期各项指标变化规律

指标	发情期				休情期 36小时以后
	发情初期 0~18 小时	发情盛期 18~20 小时	发情末期 20~24 小时	末后期 24~36 小时	
卵泡发育	出现	发育	成熟	排卵	——
外部表现	发情牛不让其他母牛爬跨,但爬跨其他母牛	发情牛让其他牛爬跨,且该牛站立7秒钟不动	发情牛开始不让其他母牛爬跨	一切正常,无表现	无表现
黏液变化	黏液呈稀水样	黏液透明可拉成长丝不断	黏液淡黄,浑浊,黏稠,拉不成长丝,一拉就断	黏液呈米黄色,更黏稠	无黏液流出
子宫颈变化	外口开张,内口紧,子宫颈柔软	内、外口都开张,子宫颈稍变硬	内、外口都开张,但外口开始收缩,子宫颈变硬	内口开张,外口收缩,子宫颈如成人的喉头状	内、外口都关闭,喉头样宫颈消失
是否输精	否	否	否,酌输	必输	停输

(二)直肠检查法

直肠检查法是术者将手伸进母牛的直肠内,隔着肠壁触摸检查卵巢上卵泡发育的情况,以便确定配种适期。此法的优点是可以准确判断卵泡的发育程度,确定适宜的输精时间,有利于减少输精次数,提高受胎率,也可同时进行妊娠检查,以免对妊娠母牛误配引发流产。该法操作者的技术需熟练,经验要丰富,这样才能提高鉴定的准确率。

1. 操作过程

首先,将被检母牛牵入保定架内保定,把尾巴拉向一侧。

其次,术者在操作前需将手指甲剪短磨光,然后穿上工作服,戴上乳胶(塑料)长臂手套,涂上润滑剂,手呈锥形进入直肠。

再次,要掏净直肠内的粪便。为了让母牛能自行尽快排完直肠内的粪便,术者需要用直肠内的手刺激肠黏膜,让母牛尽快形成努责,将直肠内的粪便往外排。当母牛努责时,立刻将手从直肠内撤出,挡住粪便,给母牛一个外压,这样母牛便会加劲努责。此时,将挡粪便的手拿开,直肠内的粪便就会很快排完。如母牛努责或直肠呈坛状时不可强摸,待松弛后再摸,这样就会顺利完成直肠检查或固定子宫颈输精等操作。

最后,将五指并拢插入结肠入口处,勾带结肠向下压,寻找子宫。在勾带过程中,不可在入口处用力扣,因为下部肠壁较薄,用力扣会造成肠壁破损。手伸入直肠约 20 厘米,向下压可摸到子宫颈口,顺子宫颈向前,可摸到子宫体和两子宫角的分岔,顺着子宫角分岔向下摸,可摸到两子宫角,沿子宫角向下,在子宫角大弯后方即可摸到卵巢。

2. 直肠检查异诊

其一，老龄牛、难产牛及产后子宫复旧不良的母牛，整个生殖器官仍停留在腹腔内，在直肠检查时不要在骨盆腔中寻找，而应在骨盆腔入口处查寻。

其二，当直肠韧带松弛时，有个别母牛会把生殖器官挤向一旁或直肠的斜上方，在检查时应注意先抬高直肠将生殖器官恢复原位后，再行触摸。

其三，异性孪生母牛或自由马丁母牛的卵巢一般呈绿豆大小，子宫呈粗线状，如不仔细触摸根本不易感觉到。此外，这种母牛无阴道穹隆，无子宫颈、子宫体，阴道短小（小于7厘米）。有些自由马丁母牛，生殖器官检查属正常大小，也有性周期，但两侧卵巢光滑如肉蛋，呈静止型卵巢，结构是卵睾体，无卵泡也无黄体，有发情表现，但不排卵。阴道无穹隆，也无子宫颈，子宫和阴道为相通的肉管道，这种牛治疗也不孕，应及早淘汰作为肉用。

其四，由于激素不平衡，雌激素大于黄体酮时，有的母牛发情时子宫颈粗大，子宫角也增粗，一般老龄牛、经产牛有此情况。

其五，母牛饱食后有时瘤胃会挡在骨盆腔入口处，不易进行妊娠诊断，需将瘤胃推开才可操作。

其六，如母牛发生子宫肿瘤或蓄脓时，子宫壁变厚，这时子宫肿瘤会被误诊为胎犊或胎盘，要多复诊。若为妊娠，在3～4个月后可以摸到胎盘和子宫动脉的妊娠脉搏，以此可以确诊。如是肿瘤，则子宫坚实无弹性和波动感。子宫蓄脓时子宫中动脉反应左、右相同。

其七，如母牛子宫炎严重时，子宫壁变厚、变硬形成坏疽性子宫炎，直肠检查时牛有呻吟，子宫无弹性和收缩反应。

其八,子宫积水时,子宫壁变薄,无收缩反应,有波动感,弹性小,摸不到胎盘,子宫中动脉也无反应。

其九,如胚胎早期死亡,胎犊干尸化,直肠检查时会发现妊娠母牛子宫坚硬,仔细触诊可发现有的地方硬,有的地方较软(骨骼的间隙处),且无波动感。

(三)阴道检查法

阴道检查法就是将开膣器插入母牛阴道,借助一定光源,观察阴道黏膜的色泽、黏液性状及子宫颈口开张情况,判断母牛发情程度的方法。该法因不能准确判断母牛的排卵时间,所以只作为发情鉴定的辅助方法。

1. 发情母牛阴道的主要变化 在发情初期和后期,开膣器插入有阻力,阴道黏膜呈粉红色,无光泽,有少量黏液,子宫颈外口略开张。在发情高潮期,母牛阴道黏膜潮红,有强光泽和滑润感,阴道黏液中有血丝,子宫颈外口充血、肿胀、松弛、开张。此后,母牛便进入发情末期,阴道黏膜色泽变淡,黏液量少而黏稠,子宫颈外口收缩闭合。

2. 检查方法 先将母牛牵入保定架内,洗净并消毒其外阴部。在发情鉴定前,将开膣器用75%酒精棉球擦拭消毒或通过酒精灯火焰消毒,最后涂上润滑剂。术者右手持开膣器,以左手拇指与食指拨开母牛的阴唇,将开膣器插入阴道,直至顶端,横转开张,然后进行观察,并根据母牛在发情周期中阴道的变化对发情时间做出判断。在操作过程中,插入开膣器要小心谨慎,以防损伤母牛阴道。此外,观察过程要迅速,否则对阴道黏膜刺激过大,易引起母牛不适。

第四章 人工授精

一、人工授精在奶牛业生产中的意义及发展历史

(一)人工授精在奶牛业生产中的意义

人工授精,是以人为的方法利用器械采集公牛的精液,经检查和处理后,再用器械将精液注入到发情母牛的生殖道内,达到妊娠的目的,以此来代替公、母牛自然交配的一种科学配种方法。

人工授精已成为现代的动物繁殖技术,在奶牛业生产上显示出下列优点。

第一,人工授精可提高优良种公牛的配种效能,扩大配种母牛的头数。人工授精不仅有效地改变了奶牛的交配过程,更重要的是选择最优良的种公牛实行人工授精配种,可使配种母牛头数增加数倍,特别是在现代技术条件下,1头优良公牛每年配种母牛数可达万头以上,扩大了良种遗传基因的影响。此外,可以保证配种计划的实施和提供完整的配种记录,有利于奶牛繁育改良及育种工作的进程。

第二,降低饲养管理费用。通过人工授精技术使每头种公牛可配的母牛数增多,故可相应减少饲养公牛头数,这样既降低了饲养管理费用,又提高了经济效益。

第三,可防止各种疾病,特别是生殖道传染病的传播。由

于公、母牛不接触,且人工授精有严格的技术操作规程要求,有利于防止参加配种的公、母牛之间发生疾病的传播。

第四,人工授精有利于提高母牛的受胎率,既能克服公、母牛在自然交配中因体格相差太大不易交配或由于某些生殖道异常不易受胎的困难,又能及时发现某些繁殖障碍疾病,从而采取相应的治疗措施消除不孕。

第五,人工授精可以扩展奶牛配种地区范围。用保存的公牛精液尤其是冷冻精液,可使母牛配种不受地区的限制,并有效地解决无公牛或公牛不足地区的母牛配种问题。

如上所述,奶牛人工授精与自然交配相比,有着巨大的优越性,对发展畜牧业生产有着重要的意义。但是,该项技术在操作中如不遵守操作规程,对消毒要求不严格,缺乏无菌观念,就会造成受胎率下降,甚至发生生殖道疾病传播。如果使用遗传上有缺陷的公牛精液,则会造成更加严重的后果。

(二)人工授精的发展历史

1780年,意大利生理学家司拜伦瑾尼(Spallanzani)首次成功地用狗进行了人工授精试验。此后,到19世纪末和20世纪初逐步在马、牛、羊方面获得成功。在20世纪30年代形成了一套较完整的操作方法。

20世纪40~60年代,人工授精技术被广泛应用,日本、欧洲多数国家、北美、大洋洲等畜牧业发达国家,各种家畜人工授精已相当普及,其中尤以奶牛的人工授精技术普及率最高,发展最快,技术水平也较高。

20世纪50年代,英国的史密斯(Smith)和波芝(Polge)研究精液的冷冻保存方法成功后,使人工授精技术又跨进了一个新的发展阶段。到20世纪60年代中期以后,冷冻精液在牛人工授精中被广泛应用,全世界人工授精牛每年达2亿头左右。丹麦、日本、匈牙利、德国、英国、法国、美国、加拿大、新西兰及澳大利亚等许多国家,已全部或大部分采用人工授精,并建立了精子库。

我国家畜人工授精于1935年在江苏省句容种马场试行成功,到1951年以后被广泛推广。目前,东北、西北和华北已达到普及程度。根据我国的科技水平和生产现状,奶牛繁殖技术仍以人工授精为基础,继续扩大覆盖面。

二、奶牛冷冻精液人工授精技术

(一)器械的消毒

在人工授精前注意做好器具消毒和无菌操作,对人工授精的成败关系重大。消毒不严格,精液被细菌和其他微生物污染,不但影响质量,而且容易造成母牛不孕。

现将有关器材的清洗消毒方法和重铬酸钾清洗液的配制方法介绍如下。

1. 人工授精器械的清洗消毒 首先将有关器械放在加有适量清洁剂的70℃热水中洗涤干净(如器械上的有机质污染严重则需要用重铬酸钾—硫酸洗液浸泡24小时),然后用清水冲洗数次,最后用蒸馏水冲洗后置于干燥箱中晾干,而后放在紫外线灯光下消毒半小时备用。

2. 重铬酸钾—硫酸洗液的配制 重铬酸钾40克,蒸馏水300毫升,浓硫酸460毫升。

配制方法：先将重铬酸钾溶解在水中，然后沿着器壁缓缓加入浓硫酸，即配成深褐色的重铬酸钾—硫酸洗液。

（二）冷冻精液的解冻

1. 冷冻精液概述 冷冻精液是按照采精→精液品质检查→稀释分装→平衡→检查冻前活力→冻结→抽样解冻并检查活力→保存的技术程序生产出的一种可以长期保存和远距离运输的精液。冷冻精液一般在超低温（－196℃）下冷冻而成，剂型有颗粒、安瓿和细管3种。

（1）颗粒冷冻精液 该种冷冻精液的制作方法简单，精液冷冻后体积小，便于贮存，但是容易被污染，且不易标记。

（2）安瓿冷冻精液 该种冷冻精液不易被污染，便于标记，规格一致，但是体积大，解冻时易破碎掉底，损耗率大，成本高。

（3）细管冷冻精液 分为0.25毫升（微型细管）、0.5毫升（中型细管）和1毫升（粗型细管）3种剂型，是目前精液冷冻较好的一种方法。它的优点是冷冻和解冻迅速而均匀；易于标记，不易被污染；体积小，贮存容器的空间利用率高，便于运输；规格一致，便于成批生产。缺点是需要较多的设备进行分装、封口、标记等（图4-1）。

2. 冷冻精液的保存 目前，保存冷冻精液最好的容器是液氮罐。

（1）液氮罐的结构 液氮罐是由不锈钢制成双层壁的真空绝热容器。

①罐壁 为夹层抽成高真空的内外2层。其内装有绝热材料（隔绝外热传入，增强罐的保冷性能）和吸附剂（可吸附漏

图 4-1　0.25 毫升细管冻精

入真空层的少量气体,以保证真空度)。

②罐颈　以绝热黏剂将罐的内、外 2 层连接,并保持有一定的长度。顶部在罐口中,其结构既要有孔隙,能排出液氮蒸发出来的氮气,以保证安全,又要有绝热性能,以尽量减少液氮的气化量。

③罐塞　由绝热性能良好的塑料制成,有防止液氮大量蒸发和固定贮精筒的作用。

④提筒　因罐的形式、规格、大小不同,罐内备有数目不同的提筒,提筒的手柄挂在罐口的分度圈上,用盖塞固定。提筒多者可以分成 2~3 层,并置于可旋转的托盘上(图 4-2)。

⑤外套　中、小型液氮罐为了携带方便,有一外套并附有挎背用的皮带。

(2)液氮罐的管理及保养　使用液氮罐之前,应细致检查有无破损和缺件,内部是否干燥和有无异物,然后装入液氮,观察 24 小时(最少 6 小时)的液氮消耗率,确定安全之后,方可使用。

液氮罐应放在干燥通风的室内,容器底部应垫木板或毛毡等物,以防潮湿。使用时必须小心,避免震动。为防止外部冲击,容器的外部应装有保护箱(套),箱内填充棉絮、羊毛等防震物品。运输途中,严防碰撞、翻倒。提筒出入、添补液氮时均应防止碰撞罐颈和分度圈。开、盖罐塞要轻揭慢盖,防止

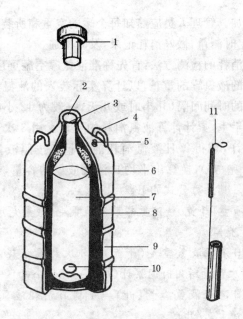

图 4-2 液氮罐的构造
1. 罐塞 2. 分度圈 3. 罐颈 4. 手柄 5. 真空排气口
6. 吸附剂 7. 液氮 8. 真空间隙 9. 外壁 10. 提筒卡槽 11. 提筒

罐塞从接口处脱落。应定期(5~10天)称重,以了解液氮消耗率。

液氮罐应每年清洗1~2次,以免因积水、精液污染、杂菌繁殖而使罐内壁发生腐蚀。清洗方法:先用洗衣粉配成的洗涤液擦洗,而后用清水冲洗数次,然后倒置,自然风干或用热风吹干。注意洗涤液和热风的温度不能超过50℃,以免影响罐的性能,缩短使用年限。

(3)使用液氮罐贮存冷冻精液的注意事项 冷冻精液放在液氮罐中,必须保证液氮能将精液浸没,如发现液氮不足时应及时添加。管理人员应熟知每个罐的空重和所装液氮量的多少,要定时测量,做好消耗记录,及时添加。

液氮消耗的检测方法:首先称准液氮罐空罐重量,再称量装满液氮的液氮罐的重量,以计算实际装入的液氮量。然后按照一定的时间间隔(几小时或几天,一般为12小时),连续称量3次毛重,累计计算液氮消耗的重量。用3次称量花费的时间累计,求得每日液氮消耗的重量。按照液氮的比重(0.808千克/升),换算出平均日消耗液氮的容量,最后求得保存天数。其计算公式如下。

液氮重量(千克)=液氮罐装满液氮毛重(千克)-空液氮罐重量(千克)

平均日消耗液氮重量(千克)=3次称量消耗液氮累计(千克)/3次称量所用时间累计(小时)×24(小时)

平均日消耗液氮容量(升)=平均日消耗液氮重量(千克)/0.808(千克/升)

液氮保存天数=液氮重量(千克)/平均日消耗液氮重量(千克)

或液氮保存天数=液氮容量(升)/平均日消耗容量(升)

尽量减少开罐的次数和时间,开罐时要注意快速将罐盖好,以防液氮消耗。

在贮精过程中,如发现液氮消耗过快或罐外壁挂霜,表明容器保冷性能失常,应立即更换。

贮存的冷冻精液需要向另一容器转移时,在罐外停留的时间不能超过5秒钟。

取放冷冻精液时,不要把盛冷冻精液的提筒提到罐口之外,只能提到罐颈基部。如经15秒钟还没有取完,应将提筒放回,经液氮浸泡后再继续提取。

定期检查精液保存效果。

3. 冷冻精液的解冻

精液的解冻过程是使用冷冻精液进行人工授精不可忽视的环节。冷冻精液解冻时,必须迅速通过精子冷冻的危险温区,以免对精子细胞造成损伤。冷冻精液的解冻温度,一般认为40℃解冻效果较好。

(1)颗粒冷冻精液的解冻 有湿解法和干解法2种。湿解法是将1毫升2.9%柠檬酸钠解冻液装入灭菌的试管内,置于35℃~40℃温水中预热,然后投入1~2个颗粒冷冻精液,摇动至融化。干解法是将灭菌试管置于40℃温水中,投入颗粒冷冻精液,摇动至融化后再加入1毫升2.9%柠檬酸钠解冻液。解冻后镜检,活力在0.3以上者可以用于输精。

(2)安瓿冷冻精液的解冻 将安瓿取出后立即放入35℃~40℃温水中解冻,并且不断摇动,使之融化,待基本融化还残存很少冰片时从温水中取出,镜检合格者即可使用。

(3)细管冷冻精液的解冻 将细管的封口端朝上,棉塞端朝下,放入35℃~40℃温水中水浴(0.25毫升细管约5秒钟,0.5毫升细管约15秒钟,1毫升细管约25秒钟),待管内颜色一变立即取出,镜检合格后装入输精枪即可进行输精(图4-3)。

总之,从液氮中取用冷冻精液应迅速、准确,不可在空气中长时间停留,原则上应在输精前解冻。

(三)冷冻精液品质的鉴定

1. 精子形态结构概述 奶牛精子形态呈蝌蚪状,主要由头部、颈部和尾部组成。头部呈扁卵圆形,由细胞核构成,遗传物质集中在核内。在细胞核前端约2/3的部分由顶体覆

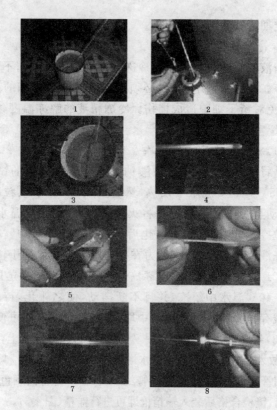

图 4-3 细管冷冻精液的解冻及安装

1. 准备 40℃的温水　2. 从液氮中取出所需细管冷冻精液
3. 将细管冷冻精液浸于温水中（棉塞端朝下）
4. 将输精枪外套管中黄色游标推向顶端
5. 用细管剪剪开已解冻细管冷冻精液的封口端
6. 将细管冷冻精液插入套管（棉塞端朝后）
7. 将输精枪插入套管并卡好
8. 试推内杆检查有无精液流出，如流出则安装正确。

盖。顶体是精子的重要部分，在顶体囊中含有许多能够完成精卵结合过程的各种酶类。精子的颈部很短,通常呈漏斗状,容易受到外界因素的影响而被损伤。精子尾部很长,是精子的运动器官,由中段、主段和末段组成(图4-4)。

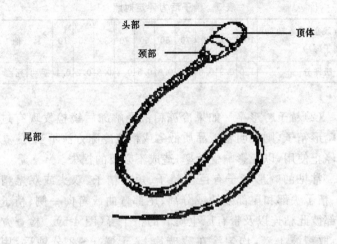

图 4-4　精子结构

2. 冷冻精液品质的常规鉴定　为确保冷冻精液的品质,保证人工授精的效果,提高母牛的受胎率,在人工授精操作过程中,需要定期做好冷冻精液的品质检查。常用冷冻精液品质鉴定的项目有精子活力(活率)、畸形率、顶体异常率等。

(1)精子活力　又称活率。与精子的受精能力有着密切关系。具体检查方法有2种:一种为平板压片法,即在载玻片上滴1滴精液,再用盖玻片盖在精液上面,使精液分布均匀,制成压片标本,进行检查;另一种为悬滴检查法,即在盖玻片上滴1滴精液,然后将盖玻片反放在凹玻片的中间制成悬滴标本。置于37℃左右的生物显微镜保温木箱内进行活力检查。

精子活力的评定,是以目测视野中具有直线前进运动的精子数目多少来判断,并以十级一分制进行评定(表3)。一般要求冷冻精液解冻后的活力不得低于0.3。

表3 精子活力评定对照

直线前进运动的精子(%)	100	90	80	70	60	50	40	30	20	10	其 他
十级评分	1.0	0.9	0.8	0.7	0.6	0.5	0.4	0.3	0.2	0.1	摆动 死亡

(2)精子畸形率 如果冷冻精液经解冻后镜检发现有过多畸形精子,则表明精液品质低劣或精液冷冻方法不当,应立即停止使用,以免影响受胎率,造成不必要的损失。

常见的畸形精子有巨型精子、短小精子、双头或双尾精子、精子头部和尾部残缺或分离、尾部弯曲或弯向一侧、精子各部彼此粘连以及带有原生质滴的精子等(图4-5)。检查方法:取精液1滴,均匀涂在载玻片上,干燥1~2分钟后,用96%酒精固定2~3分钟,再用美蓝或红、蓝墨水染色1~2分钟,用蒸馏水轻轻地冲洗,干燥后即可镜检。镜检时通常计数300~500个精子。用下列公式求出其百分率。

畸形精子百分率=(畸形精子总数/500)×100%

正常精液中精子畸形率不应超过18%。

(3)精子顶体完整率 常见精子顶体异常有肿胀、缺损、部分脱落、全部脱落等(图4-6)。检查方法:将解冻后的冷冻精液用生理盐水稀释,在35℃~37℃下进行涂片,待涂片干燥后,用5%甲醛溶液固定10分钟,而后用姬姆萨液染色1.5~2小时,水洗干燥后用树脂封闭,制成标本,在400~600倍显微镜下进行检查,数500~1 000个精子,然后按下列公式计算精子顶体完整率。

图 4-5 各种畸形精子

1. 头部脱落精子 2. 附有原生质滴的精子 3. 顶体脱落的精子

精子顶体完整率＝1－(顶体异常精子数/所数精子总数)×100%

一般来说,冷冻精液解冻后的顶体完整率不能低于40%。

(4)"三率一步"法

在精液品质检查中,为了缩短操作过程与节省时间,也可采用"三率一步"法进行冷冻精液品质的常规鉴定。操作方法:预先将解冻后的冷冻精液于

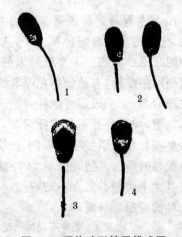

图 4-6 顶体畸形精子模式图

1. 正常顶体 2. 顶体膨胀
3. 顶体部分脱落 4. 顶体全部脱落

37℃下放置2小时,然后取1个经消毒的小瓶或试管,把解冻后的精液、1%伊红液(伊红1克,7.2%葡萄糖液100毫升)、

5%美蓝液(美蓝 5 克,2.9%柠檬酸钠液 100 毫升)一同置于 37℃恒温下,用吸管吸取冷冻精液向小瓶内滴入 4 滴,而后向小瓶内再滴入 1%伊红液 4 滴、5%美蓝液 1 滴,稍摇动小瓶,使精液与染液混染均匀。接着取 1 片清洁的载玻片,在片的一端滴 1 滴混染好的精液,进行抹片,同法制作 3 张抹片。根据前述 3 个指标的计数要求,在显微镜下测定三率(活率、畸形率、顶体完整率)。

(四) 输 精

1. 奶牛配种时间的确定 奶牛属多次发情自然排卵的动物,全年均可发情配种和生产,其中春、秋季节是奶牛发情配种的旺季。如奶牛一次配种未妊娠,还可以继续在下一个发情周期中配种;有的奶牛在停乳后仍然可配种妊娠;有的奶牛在产后 20～27 天即可配种妊娠。

在配种时,最好不要惊吓母牛,否则会造成受胎率下降、胚胎早期死亡和引发生殖疾病。从表 4 中可以看出,奶牛的最佳配种时间为发情开始后 24 小时左右,也就是从发情母牛接受其他牛爬跨并站立不动算起,8～10 小时后进行输精,此时配种的受胎率最高。

表 4 奶牛不同时间配种结果对比

发情后时间(小时)	12	24	36	48
受精率(%)	63	88	78	5
可供移植胚胎(%)	60	82	43	0

除通过上述方法确定输精时间外,还可以按照以下方法进行。

(1)阴门(水门)的观察 母牛发情开始时阴门肿胀,皱褶消失、拖长,阴道黏膜潮红,有蛋清样黏液流出,可拉成长丝不断;中期黏液呈蛋清状粗亮不断;到后期阴门收缩,潮红消失,黏液发污,不易拉丝,此时即可输精。

(2)子宫颈口观察 根据发情母牛子宫颈口的变化也可确定输精时间。休情期时,子宫颈较硬,内有3~4道环形皱褶,彼此嵌合,收缩很紧,很难打开;发情初期时,子宫颈内口稍紧,外口开张,质地柔软;发情盛期时,子宫颈内、外口都开张,质地稍变硬;末后期时,子宫颈内口开张,外口收缩,形成如成人的喉头样,此时即为输精的最佳时间。

2. 输精操作 输精是将一定量的合格精液,适时而准确地输入到经发情鉴定的母牛生殖道内的适宜部位,以达到妊娠为目的的操作技术。在输精操作中应严格遵守人工授精操作技术规程,积极采取各种措施,提高母牛人工授精的受胎率。

(1)输精前的准备 输精前的准备主要包括器械的准备、冷冻精液的解冻、品质鉴定及输精枪的安装、母牛的准备等。

(2)输精方法 采用直肠把握子宫颈法。输精人员一只手臂戴上长臂乳胶或塑料薄膜手套伸入直肠内,用手紧紧固定好子宫颈外口,并将宫颈往里推,使阴道伸展。将阴门附近粪便洗净,用直肠内的手臂向下压,将阴门打开,迅速插入输精枪,输精枪以向上呈45°角插入阴道,然后再平插,这样可避开尿道口。当输精枪插入阴道后,用直肠内固定宫颈外口的手感觉输精枪是否插入宫颈内。如输精枪确实插入宫颈内10厘米左右,将输精枪稍后退就可以将精液注入。

第五章 受 精

一、配子的运行

(一)精子的运行

自然交配时,公牛只能把精液射入发情母牛阴道深部,属于阴道型射精。如采用人工授精,可将精液注入子宫颈深部。因此,在精子到达受精部位(输卵管壶腹部)前必然有一个运行的过程。精子在母牛生殖道中运行的动力主要来自母牛生殖道的蠕动、上皮纤毛细胞的运动、生殖道内液流作用、母牛体内的激素以及精子自身的摆动。在发情母牛的生殖道内,精子运动的速度很快,只需十几分钟即可达到输卵管壶腹部;而间情期精子几乎不能到达受精部位。性刺激、性兴奋、按摩生殖器官和乳房,均可刺激生殖道蠕动,促使精子运动。

母牛自然交配时,精子从射精部位开始运行,在经过子宫颈、子宫、输卵管,最后到达受精部位的整个运行过程中,子宫颈是第一道栏筛,它阻止过多的精子进入子宫;宫管连接部是第二道栏筛;峡部和输卵管壶腹连接部是第三道栏筛,此处可限制过多的精子进入壶腹部,以免发生多精子受精。经过以上3道栏筛,精子被逐渐淘汰,最后到达受精部位的只有几百个。如果采用人工授精,即减去了第一道栏筛,精子在母牛生殖道内的运行过程就仅为子宫和输卵管,这样可使大量活力强的精子进入子宫,最后到达受精部位。

(二)卵子的运行

卵子经卵巢排出、被输卵管伞接纳后,进入输卵管,在向子宫方向移行过程中主要靠输卵管肌层的蠕动、输卵管纤毛的颤动、管内液体的流动及卵巢激素的调节等因素影响。卵子从伞部到输卵管壶腹部所需时间为 6~12 小时。受精卵(早期胚胎)或未受精卵都在排卵后 96 小时进入子宫。

二、配子的成熟

(一)精子的获能

公牛射出或取自附睾的精子并不具备受精能力,而必须要在母牛生殖道内停留数小时,在某些物质的作用下发生一系列生理和生物化学变化才获得受精的能力。这一现象叫精子获能。

精子获能是在母牛子宫内进行,最后在输卵管内完成。精子在宫管结合部停留长达 18~20 小时,这是精子获能的主要部位。精子获能受生殖激素的调节,如雌激素可促进精子获能,而孕激素则明显抑制精子获能。此外,一些获能因子,如溶菌体酶、糖苷酸酶、β-葡萄糖苷酸酶、氨基多糖等,对精子获能有促进作用。精子获能还包括使顶体酶类激活的过程,这种作用称为顶体反应,此时精子能黏附并穿过透明带,具有受精能力。牛精子获能所需时间为 4~6 小时,在母牛生殖道内保持受精能力的时间约为28小时。

(二)卵子的成熟

卵子随着母牛卵巢上卵泡的发育,经过卵原细胞、初级卵母细胞、次级卵母细胞阶段最终由成熟卵泡排出。排出的卵子呈圆形,主要由放射冠、透明带、卵黄膜、卵细胞质和卵核构成(图5-1)。

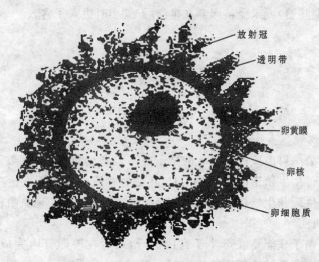

图 5-1 卵子结构模式
(摘自《动物繁殖生物技术》)

1. 放射冠 放射冠细胞在排卵后一般只存在数小时。这些卵泡细胞伸出突起穿入或穿过透明带与卵细胞发生细胞质的联系,对卵子起到营养作用。排卵数小时后,由于酶的作用,使这些细胞剥落,接着发生坏死,致使卵子裸露。

2. 透明带 透明带是一层均质的半透膜,对卵子具有保护作用,调节卵子的渗透压,维持正常的卵裂。透明带由卵泡细胞的细胞质产生,可被蛋白质分解酶(如胰蛋白酶和胰凝乳蛋白酶)所溶解。

3. 卵黄膜 卵黄膜位于透明带以内,是包裹着细胞质的一层半透膜,它能保护卵子完成正常的受精过程,对精子有选择作用,限制过多的精子进入卵子,还可有选择地吸收营养物质。

4. 卵细胞质 成熟的卵细胞质中卵黄占据大部分容积,它是卵子在受精后早期胚胎发育的营养物质。受精后卵黄收缩,在透明带和卵黄膜之间形成卵黄周隙,极体就在其中。

卵母细胞自卵泡排出后处于次级卵母细胞期,为第二次成熟分裂的中期,这时的卵母细胞尚没有成熟,并不具备受精能力。在运行到受精部位的过程中,必须经历一个类似精子获能的受精准备过程,才能获得与精子结合的能力,这个过程称为卵子的成熟。随着卵子的成熟,皮质颗粒数量增加,卵子受精能力增强,当皮质颗粒达最大数量时,卵子的受精能力最高。此外,卵子进入输卵管后,卵黄膜的亚显微结构发生变化,暴露出和精子结合的受体。卵子具有受精能力的时间为 12～24 小时,有的可达 24 小时以上。

三、精卵结合受精

受精是精、卵结合产生合子的过程。通过受精单倍体的雌、雄生殖细胞共同构成二倍体的合子,开始新生命的发育。牛排卵后约经 20 小时完成整个受精过程(图 5-2)。

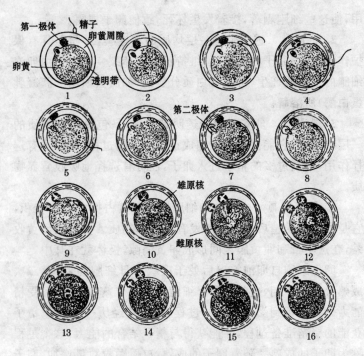

图 5-2 精卵受精过程模式

(摘自《牛羊繁殖学》)

1. 精子接触到透明带的表面 2. 精子头部已通过透明带而附着在卵黄的表面 3. 精子进入卵黄以前,头部平躺在卵黄的表面,被卵黄表面的微绒毛抓住 4. 精子的质膜和卵黄膜相互融合 5. 精子进入卵黄内 6. 卵子第二次成熟分裂至第二极体即将分离 7,8. 卵子第二极体分离 9,10. 雄原核和雌原核的发育过程 11. 两个原核开始接触 12,13,14. 两个原核融合过程 15. 两个原核融合为一,联合起来的染色体组 16. 受精卵第一次卵裂过程开始

获能的精子在输卵管壶腹部与卵子(次级卵母细胞)相遇,即开始受精过程,主要分为以下几个阶段。

一是精子溶解、穿越放射冠。精子发生顶体反应后可释放某些酶,将卵子的放射冠溶出1条通道,使精子通过放射冠。随后放射冠溶解脱落。

二是精子穿过透明带。穿过放射冠的精子直接与卵子的透明带接触,精子顶体分泌的蛋白质酶和顶体酶等,穿过透明带与卵黄膜相接触。当第一个精子入卵后,立即发生阻止其他精子再进入透明带的"透明带反应"。

三是精子进入卵黄膜。接触卵黄膜的精子旋即被卵黄膜表面的微绒毛抓获,而后被卵黄膜融合进入膜内。当第一个精子进入卵黄膜后,卵黄膜会立即产生一种拒绝其他精子进入卵黄膜的反应,称"卵黄膜反应"或"多精子入卵阻滞"。

在精、卵接触,质膜融合时所发生的透明带和卵黄膜等生理反应,是保证正常受精、防止多精子受精的重要生理保护机制。

四是卵的激活。精子入卵后,立即激活处于休眠状态的卵子(次级卵母细胞第二次成熟分裂中期)恢复第二次成熟分裂,放出第二极体,形成单倍体卵。

五是原核的形成。精子入卵后,原生质膜、头部核膜和尾均脱落,精子的染色质被新的核膜包裹,形成雄原核。完成第二次成熟分裂,释放第二极体的卵子也形成新的核膜,构成雌原核。

六是原核的融合。两性原核相向移动,靠近,并拢,最后融为1个核即合子,受精到此结束。母牛排卵后经20小时左右完成该过程。

第六章 妊娠与妊娠诊断

一、妊 娠

妊娠是指从受精开始,经过胚胎和胎犊生长发育,到胎犊产出为止的生理变化过程。母牛在妊娠过程中,与胎犊一起都发生着一系列的变化,相互之间维持着一种十分复杂的生理关系。

(一)胚胎的早期发育

当精卵结合形成合子后,即开始了胚胎的早期发育过程。胚胎的早期发育经过卵裂期、桑椹胚期、囊胚或胚泡期,然后附植于子宫内(图6-1)。

1. 卵裂期 当雌、雄原核融合后,立即进入多次有丝分裂,相继形成2细胞胚胎、4细胞胚胎、8细胞胚胎、16细胞胚胎等。分裂后形成的单个细胞称为卵裂球。此阶段尽管胚胎细胞数目增加很快,但细胞分裂是在透明带中进行,所以总体积无明显增大,与单细胞卵相当。卵裂所需的营养主要来自于卵子的胞质。母牛排卵后4~5天,胚胎达到16细胞,并进入子宫。

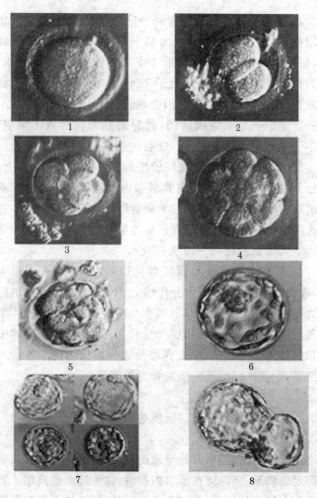

图 6-1　奶牛胚胎早期发育
1.合子　2.2细胞胚胎　3.4细胞胚胎　4.8细胞胚胎
5.桑椹胚　6.囊胚　7.不同时期的囊胚　8.孵化囊胚

2. 桑椹胚期 胚胎发育到一定阶段以后,卵裂球间的联系增强,形态逐渐由圆形变为扁平,卵裂球间的界限逐渐模糊,胚胎紧缩在透明带内形成1个多细胞团,形态如桑椹,称之为桑椹胚。此期胚胎开始于32～64细胞阶段。随着胚胎的发育,细胞间的界限逐渐消失,胚胎外缘光滑,体积减小,整个胚胎形成一个紧缩细胞团,此时的胚胎称为致密桑椹胚。母牛一般在排卵后5～7天,胚胎达到桑椹胚阶段。

3. 囊胚期 囊胚阶段胚胎细胞数一般在64个以上,细胞已开始最初分化,出现滋养层和内细胞团2个部分。囊胚腔出现,体积迅速增大,最后突破透明带,游离于子宫中,此过程称为"孵化"。脱离出的囊胚称为孵化囊胚或胚泡。母牛排卵后7天形成囊胚,8～10天孵化。

4. 胚胎的原肠化 囊胚孵化以后,胚胎进入快速生长期,在此过程中,内细胞团分化成上、下2个胚层,此时的胚胎称为原肠胚。上胚层内又形成1个囊腔,把其分为胚体上胚层和羊膜胚层。胚体上胚层又分化为胚体内胚层、胚体中胚层和胚体外胚层,进一步发育可分化为胎犊体内的各种组织和细胞,羊膜外胚层进一步发育为羊膜囊。

(二)胚胎的附植

进入子宫的胚胎,开始呈现游离状态,同子宫内膜尚未建立固定的联系,此时可在子宫内游动,称为胚胎游离期。胚胎附植是个渐进的过程,起初只是简单的附着,进而引起局部子宫内膜的轻度侵蚀,最后形成胎盘。附植是胚胎位置固定、胚胎滋养层与子宫内膜建立组织和生理联系的过程。母牛排卵后28～32天,胚胎在排卵侧子宫角下部的内膜外固定下来,于排卵后 40~45 天最后完成附植。

(三)胎膜和胎盘

1. 胎膜 即胎犊附属膜,包括卵黄膜、羊膜、尿膜和绒毛膜,其中卵黄膜只在胚胎早期有一定作用,待其他胎膜发育成熟后即自动退化。对正在发育的胎犊来说,胎膜具有营养、呼吸、代谢、循环、排泄、内分泌、免疫、机械保护等多种生理功能,为胚胎的发育提供了全面的保障。

(1)羊膜 羊膜构成羊膜囊,其中充满羊水,胎犊悬浮在羊水中,对胎犊有保护作用。

(2)尿膜 形成尿膜囊,以脐尿管(包在脐带中)与胎犊膀胱相连,尿囊内充满以胎犊尿液为主要成分的尿囊液。牛的尿膜囊包在羊膜囊下半区的外周。

(3)绒毛膜 包在整个羊膜囊和尿膜囊的外面,是构成胎犊胎盘的主要部分,其上面的绒毛与子宫内膜的子宫阜共同构成胎盘。

胚胎在发育过程中,不同胎膜间彼此接触的部分,会逐渐愈合成复合的胎膜。如母牛在妊娠过程中,会形成尿膜—羊膜、羊膜—绒毛膜、尿膜—绒毛膜 3 种复合胎膜。有时当母牛多胎时,这种复合胎膜会对胎犊的发育产生一定的影响。如母牛怀双胎时,两个胎犊的尿膜—绒毛膜相互愈合,致使尿膜—绒毛膜的血管出现吻合支,血流互通。导致不同性别胎犊间发生血液交流,把公犊含有雄性决定基因的 Y 染色体带入母犊体内,从而干扰雌性生殖器官的发育,使母犊出现两性嵌合体。这是造成异性孪生母犊不育(90%以上)的根本原因。但异性孪生的公犊则不受影响。

2. 胎盘 胎盘是指胎膜的尿膜—绒毛膜和妊娠子宫黏膜共同构成的复合体,前者为胎犊胎盘,后者为母体胎盘,胎犊和母体都有血管分别分布到胎犊胎盘和母体胎盘上。胎盘是母体和胎犊之间进行物质交换的枢纽,也是母体和胎犊间的重要生理屏障(图 6-2)。

图 6-2 母牛产后排出的胎盘

(1)胎盘的结构　母牛的胎盘相对集中成丛状,形成子宫阜,称子叶胎盘。在母体胎盘部分子宫阜上,子宫内膜下陷成许多腺窝,表面为单层上皮,其下为结缔组织和毛细血管网。作为胎犊胎盘绒毛自外向里也有与母体胎盘相似的 3 层组织。母牛妊娠 2 个月左右,胎犊胎盘的绒毛逐渐嵌入母体胎盘的腺窝中,在妊娠 4 个月后,母体子宫腺窝部分的表层上皮脱落,使胎犊胎盘的绒毛上皮直接与子宫腺窝的结缔组织层相接触,组织学上也称为结缔组织—绒毛胎盘。这种结构使母体和胎犊间联系较紧密,分娩过程中不会轻易脱落,即使分娩过程延长,也不易造成胎犊的窒息。但这种结构会造成分娩时胎犊胎盘脱落而导致子宫内膜的损伤出血以及胎衣不下。因此,母牛产后需要较长的恢复期。

(2)胎盘的循环　在胎犊阶段,胎犊的气体交换、营养吸收和代谢废物的排出,都要通过胎盘与母体进行交换来完成。所以胎犊循环,实质上是胎犊同胎盘间的循环。胎犊心脏及血管系统存在着某些结构上的特点,如胎犊左心房同右心房并联,左心室同右心室并联,好像只有一个心房和一个心室在工作。回到胎犊心房的静脉血有 2 个来源:其一是来自胎犊各器官系统的"陈旧"血液,其二为来自胎盘的"新鲜"血液。两种血液在心房混合后进入心室;再由心室把混合血液加压泵至胎犊各器官系统和胎盘系统,与母体进行气体和物质交换。

胎犊连接胎盘的血管为脐动脉和脐静脉。它们离开胎体后,经脐带、尿膜,以细小分支的形式到达胎犊的每个胎盘,形成毛细血管网,并使动脉和静脉毛细血管网汇合。在胎犊胎盘和母体胎盘之间进行物质和气体交换,实现胎盘对物质的转化和转运功能。由于胎犊和母体血流的隔离及其他有关机制,使胎盘成为胎犊和母体间重要的生理屏障,对胎犊具有特殊保护作用。

3. 脐带　脐带是连接胎犊和胎盘的纽带。其外膜由羊膜构成,中间为脐动脉、脐静脉和脐尿管。

(四)胎犊的生长

胎膜系统和胎犊器官系统都是由胚胎早期的内、中和外 3 个胚层分化和发育而来。母牛妊娠 16 天,胎膜和胎体的分化完成;33 天,胚胎开始附植;36 天,胎膜发育完全;60 天,胎盘形成。16~60 天,胎犊各器官系统分化、形成。60 天胎犊完全成形,体腔合拢,眼睑闭合,体长不足 10 厘米,体重 10 克左右;150 天,眼眶和口、鼻周围出现毛丛,牙齿长出,体长 30 厘米,体重 2 000 克左右;180 天,体长 50 厘米左右,体重 3 000 克左右;240 天,全身被毛,体长 80 厘米,重 18 000 克左右;270~280 天,胎犊成熟,长 90 厘米左右,重 20 000 克左右。在 6 个月前,胎犊生长缓慢,妊娠期的最后 3 个月生长速度最快,完成了初生体重的 80%~90%。

(五)妊娠母牛的生理变化

1. 妊娠的建立和维持 母牛从周期发情状态转变为妊娠状态,这一生理状态的转变叫妊娠的建立。对哺乳动物来说,妊娠建立有 2 个标志:胚胎的附植(着床)和周期黄体转变为妊娠黄体。但对于牛来说,由于胚胎附植的时间较晚,都是在建立妊娠之后才引起附植。因此,牛妊娠建立的标志只有黄体的转化。母牛发情排卵后,若没能妊娠,则产生的周期黄体只保留 14~15 天即开始退化,随后母牛进入下一个发情周期;若妊娠,周期黄体将转变为妊娠黄体,并维持到妊娠末期。早期胚胎的内分泌因素是引起黄体转变的内在原因。排卵后 13~16 天,牛胚胎会产生一种胚胎激素,这是一种类似人绒毛膜促性腺激素(HCG)的物质,可促进黄体的功能,防止黄体退化。此外,牛胚胎还可产生大量雌酮,阻止子宫内膜产生的消黄体物质前列腺素($PGF_{2\alpha}$)向卵巢运送,溶解黄体。

母牛妊娠后,血液中孕酮浓度一直维持在极高的水平,到分娩前下降。妊娠期间,来自卵巢和胎盘高浓度的孕酮和来自胎盘适量的雌激素,是维持和发展妊娠状态的内分泌基础。

2. 母牛生殖器官的变化 母牛妊娠后,生殖器官会发生以下几方面变化。

一是卵巢周期黄体变为妊娠黄体,并一直存在到分娩,母牛的发情停止。

二是随着妊娠的进展,子宫通过增生、增长和扩展等方式逐渐扩大其容积。附植前,子宫内膜层血管分支增加,子宫腺向深层发展,盘曲增加。附植后,子宫开始生长,肌层增厚,结缔组织增加,随孕体(胎犊、胎膜和胎水的总称)的增长,子宫容积扩大,重量增加,子宫壁变薄,整个子宫逐渐垂入腹腔,子叶胎盘由小到大,最后达鸡蛋大小。

三是妊娠后子宫颈收缩,颈管紧闭,形成黏液栓,进而子宫颈随子宫下垂前移,最后进入骨盆腔。

四是子宫中动脉随妊娠进展增粗,血流量增加,妊娠4~5个月出现特异妊娠脉搏。

五是妊娠中期,乳房开始增大(青年母牛尤为明显);妊娠末期,乳房出现水肿。

六是因子宫垂入腹腔,阴道被拉长。阴道黏膜苍白、干涩。妊娠后期,阴门不水肿,但阴道黏膜潮红。

3. 膘情和行为的变化 母牛妊娠后,发情周期停止,食欲增强,体重增加,被毛光泽,性情温驯,行动稳重。

二、妊娠诊断

母牛配种后,如能尽早进行妊娠诊断,对于保胎、减少空怀和提高繁殖率非常重要。对于适配奶牛群来说,早期妊娠诊断技术跟不上,极易造成发情母牛的失配和已妊娠母牛的误配,从而延长产犊间隔。只要失误13.5个发情周期(283天),就相当于少产1头犊牛,以致损失1个泌乳期的泌乳量。

在生产实践中,母牛妊娠诊断方法很多,目前应用最普遍的是外部观察法和直肠检查法。

(一)常规妊娠诊断方法

1. 外部观察法 妊娠后的母牛,一般外部表现为:周期发情停止,食欲增进,被毛光泽,行为谨慎、安稳,性情温驯。妊娠至5个月左右,腹围增大且不对称,右侧腹壁突起,乳房胀大,6个月以后可见胎动。这时隔着腹壁用手可触诊到胎犊。此外,也可通过观察母牛是否返情来判定妊娠情况。一般来说,如果母牛在配种后60天、90天和120天均没有返情,则可确定该牛已妊娠。

2. 直肠检查法 妊娠诊断的直肠检查,是隔着直肠壁触诊子宫、卵巢及黄体变化,以及有无胚泡(妊娠早期)或胎犊的存在等情况来判定是否妊娠。这种方法是判断母牛是否妊娠的最基本而又可靠的方法。此方法在母牛整个妊娠期间均可应用,不仅能较准确地判定大致妊娠月份、真假妊娠、胎犊发育情况,而且还能及时发现一些生殖疾病,以便及早进行治疗。直肠检查法的诊断依据是妊娠母牛的生殖器官将随着妊娠时间的推移而发生不同的生理变化。操作方法同发情鉴定的直肠检查法。

一般来说,在母牛妊娠检查中,只要通过子宫角和子宫中动脉的变化确诊妊娠后,就不必再检查妊娠黄体,因为在对卵巢黄体的检查中有可能因操作不慎而破坏妊娠黄体,引起流产。

母牛在未妊娠时,子宫角位于骨盆腔内,经产牛的子宫角有时位于耻骨前缘或稍垂入腹腔。角间沟清楚,两角大小一般相同,经产牛有时一侧子宫角稍大。子宫角质地柔软,触之有时有收缩反应,呈卷曲状态。由于所处的发情周期阶段不同,卵巢中可能有卵泡、无黄体或无卵泡、有黄体存在。妊娠母牛各月生殖器官变化情况如下。

1个月:子宫、卵巢仍位于骨盆腔内。角间沟明显,细摸时两角收缩有差异。孕角稍有软抹布感,触摸卵巢上妊娠黄体如熟鸡蛋,此时妊娠时间尚短,经产牛、老龄牛、有子宫疾患的牛不易确诊。

2个月:子宫、卵巢开始伸向腹腔,角间沟逐渐变平,两侧子宫角大小明显不同,孕角比空角约粗2倍,触摸有软抹布感,妊娠黄体明显,子宫颈前移至骨盆腔入口处,子宫角和卵巢前移至耻骨前缘或略垂于腹腔(图6-3)。

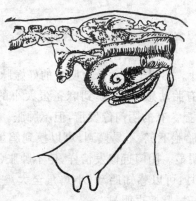

图6-3 母牛妊娠2个月的子宫状态
(摘自《家畜繁殖》)

3个月:子宫沉入腹腔,胎胞有小儿头大小,子宫壁薄软有波动感(图6-4)。

4个月:有的子宫下沉不易摸到。子宫壁上可以摸到杏

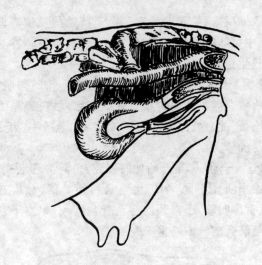

图 6-4 母牛妊娠 3 个月的子宫状态
(摘自《家畜繁殖》)

核大小的子叶。孕侧子宫动脉有明显的妊娠脉搏(图 6-5)。

5 个月:有胎动感,可以摸到麻雀蛋大小的子叶,妊娠脉搏粗大、更明显。有的阴门像发情,但不肿胀。

6 个月:胎胞下沉、不易摸到,可以摸到鸽蛋大小的子叶,妊娠脉搏更明显。阴门近似发情样,但不肿胀(图 6-6)。

7～9 个月:可以感知胎动,小鸡蛋至大鸡蛋样的子叶明显。非孕侧妊娠脉搏也明显。

(二) 极早期(16±1 天)妊娠诊断方法

在生产实践中,奶牛胚胎早期死亡引发的不孕症是一种普遍存在的现象,如能极早诊断出该病,则可以起到早期预防的作用。而目前常规的妊娠诊断方法只有到母牛妊娠 60 天

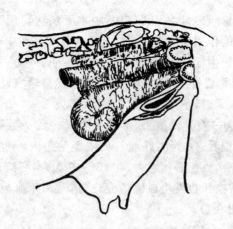

图 6-5 母牛妊娠 4 个月的子宫状态
(摘自《家畜繁殖》)

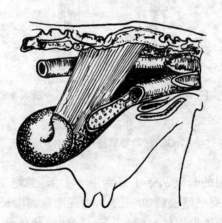

图 6-6 母牛妊娠 6 个月的子宫状态
(摘自《家畜繁殖》)

时才可以诊断出母牛是否妊娠,根本无法达到预防奶牛胚胎早期死亡的作用。笔者在多年的奶牛繁殖实践中逐步摸索出以下这套奶牛极早期(16±1天)妊娠诊断方法。

1. 理论依据　早在20世纪60年代科学家已证实,母牛在妊娠16天时,孕角血流比非孕角增大3~4倍,而在18~19天时,这一差异就消失,两角血流量一致。再从胚胎早期着床的过程看,16天时胚泡只局限于孕角内,孕角为了适应胚泡的生存,血流必然增大;在18~19天时,胚泡开始伸入空角,紧接着空角也发生血流的变化,这时两角血流量一致,差异消失(图6-7)。

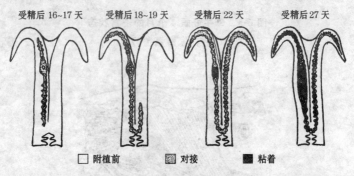

图6-7　牛胚胎的附植过程

(摘自《动物繁殖生物技术》)

牛胚泡的长度从第十五到第十七天,急剧增长了10倍(由2厘米突然增长到20厘米),而胚泡急剧增长的时间正是各种妊娠母体识别的时间(表5)。这时,孕体已开始产生激素,并向母体传送和发射受精卵存在的信息。这一信息对母体的性周期黄体产生至关重要的影响,并指令性周期黄体向妊娠黄体机转。

表5　牛胚泡及胚胎的发育情况

妊娠天数	胚泡长度	胚胎长度	备　注
14 天	2 厘米	—	—
15 天	2 厘米	—	—
17 天	20 厘米	1 毫米	
21 天	30 厘米	3 毫米	
29 天	40 厘米	1.2 厘米	尿囊长 2.3 厘米
55 天	75 厘米	4.8 毫米	胎犊前期
120 天	62 厘米	24.6 厘米	胎犊期

有资料报道,牛、羊、猪在妊娠时,子宫内膜甚至孕体本身(如牛)产生大量的前列腺素($PGF_{2\alpha}$),但并不进入血液中,而是被隔离在子宫腔内,形成前列腺素($PGF_{2\alpha}$)的贮库,不能到达卵巢溶解性周期黄体。这一抗性周期黄体溶解的生理机制,1969 年被英国科学家 R. V. Short 称为"妊娠母体识别机制"。1979 年,Heop,Fsint 两位科学家对这一生理现象也进行了科学的总结。

1989 年笔者通过多年的研究和生产实践,证明了该理论的正确性,探索出了奶牛极早期(16±1 天)妊娠诊断方法以及预防胚胎早期死亡的措施。

2. 实际操作要领　具有一定直肠检查经验的技术人员,在两髂内动脉的根部可以找到左、右子宫中动脉,如同中医切脉一样,在 16 天时触感两动脉搏动的差异就可确诊。当然再结合 16 天的妊娠黄体综合判定效果会更好。16 天时母牛妊娠黄体如同发育到 3~4 期的卵泡,但牛无发情征象。

3. 预防奶牛胚胎早期死亡的措施　母牛经过前述极早

期（16±1天）妊娠诊断后，如确定已妊娠，则可以采取以下预防措施，防止奶牛胚胎早期死亡的发生。

（1）确诊之前的预防措施　在配种后第七、第九、第十一天分别肌注黄体酮（P_4）400毫克、维生素E 200单位、人用三合激素6毫升，可以促进子宫内膜黄素化，预防早期胚胎死亡。

（2）16天确诊妊娠后的预防措施　人绒毛膜促性腺激素（HCG）1 000单位，黄体酮（P_4）60毫克，人用三合激素3毫升，1次肌注，可以促使性周期黄体向妊娠黄体机转。

（三）奶牛妊娠诊断时的异诊

有些牛由于胚胎早期发育停滞或受阻，有时2个月也不能确定妊娠，3个月检查时胎犊近乎2个月大小，遇到这种情况应多次复诊。

在妊娠诊断中，手势不可太重、时间不可太长，本次不能确诊不要强摸。一方面，强摸会引发流产；另一方面，如果强烈刺激母牛，母牛为了保护胎犊，子宫本身也会强烈收缩变厚，容易误诊为子宫蓄脓。因此，如果1次不能确诊，可隔10～20天再复诊。

第七章 分娩和助产

一、分 娩

(一)分娩发动的机制

胎犊发育成熟即可分娩,分娩发动的因素是多方面的,一般认为母体和胎犊都参与了分娩发动的过程。其中来自母体和胎犊的生殖内分泌因素具有重要的作用。

1. 分娩发动时母体激素的变化 母牛在分娩前及分娩过程中,血中孕酮水平急速下降,从而打破了子宫的安静状态。同时,雌激素、前列腺素、催产素和松弛素水平明显升高,共同促进子宫收缩和胎犊的产出;而且前列腺素的溶黄体作用,松弛素引起骨盆韧带和骨盆扩张的作用等,都有利于发动分娩。因此,这些都是结束母牛妊娠状态发动分娩所必需的内分泌因素。

2. 胎犊下丘脑—垂体—肾上腺系统对分娩发动的影响
胎犊成熟后,就会通过下丘脑—垂体—肾上腺系统的调节产生大量的肾上腺皮质激素。肾上腺皮质激素作用于母体胎盘,可把孕酮转化为雌激素,雌激素又可促进前列腺素的合成,前列腺素进而引起黄体的退化和孕酮的下降。雌激素和前列腺素刺激子宫平滑肌的收缩,使母牛发动分娩。以上分析说明,母牛分娩的发动主要是在母体和胎犊协同配合下,共同促成的。

(二)分娩预兆

母牛的妊娠期平均为 280 天,正常范围是 276~285 天。母牛分娩的预兆主要表现在以下几个方面。

1. 骨盆 分娩前数日,母牛骨盆韧带松弛,臀部肌肉出现塌陷,荐骨后端活动范围加大(图 7-1)。

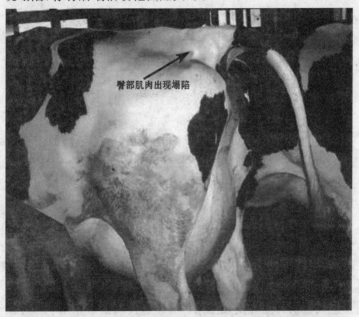

图 7-1 母牛临产前举尾努责

2. 外阴部 分娩前数日,阴唇肿胀,该部皮肤皱纹平展、变软。阴道黏膜潮红,黏液变得稀薄滑润。

3. 乳房 分娩前数日,乳头皮肤出现蜡光。临产前 4~5 天可挤出清亮胶样液体,前 2 天可挤出浓稠的初乳。

4. 体温 妊娠 7 个月开始,体温逐渐升高,妊娠后期可达 39℃,产前 12 小时左右,体温会突然下降 0.4℃~0.8℃。

5. 行为 产前母牛食欲下降,有独处离群现象。

(三)产道及分娩时胎犊同母体的空间关系

1. 产道 是胎犊产出的通道,包括软产道和硬产道。软产道由子宫颈、阴道、尿生殖前庭和阴门构成;硬产道由骨盆构成。骨盆入口呈竖的椭圆形,倾斜度较小,骨盆底下凹,骨盆轴(假想的骨盆中心线)呈"S"状,不利于胎犊的通过。

2. 分娩时胎犊和母体的空间关系 通常用胎向、胎位、前置和胎势等描述(图 7-2)。

(1)胎向 表示胎犊纵轴与母体纵轴的关系,有 3 种胎向。

①纵向 表示胎犊纵轴与母体纵轴平行,为正常胎向。

②竖向 表示胎犊纵轴与母体纵轴垂直。

③横向 表示胎犊纵轴与母体纵轴横向垂直。

(2)胎位 表示胎犊背部和母体背部的关系,也有 3 种情况。

①上位 表示胎犊背部朝向母体的背部,胎犊伏卧在子宫内,为正常胎位。

②下位 表示胎犊背部朝向母体下腹部,胎犊仰卧在子宫内。

③侧位 表示胎犊背部朝向母体侧腹部,又可分左侧位、右侧位 2 种。

图 7-2 出生前胎犊在子宫内的正常位置
(摘自《牛羊繁殖学》)

(3)前置 指胎犊最先进入产道的部位。若头和前肢最先入产道,称为头前置;若后肢和臀部最先进入产道则称臀前置。

(4)胎势 指分娩时胎犊的姿势。正常分娩时,应为纵向、上位、头前置或臀前置。头前置为正生,头和两肢伸展,头、鼻和两前肢最先入产道;臀前置为倒生,后肢伸展,两后蹄最先入产道。

(四)分娩的过程

母牛的整个分娩过程可人为地分为3个阶段,即开口期、胎犊产出期和胎衣排出期(图7-3)。

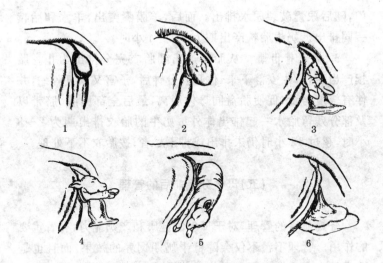

图 7-3 母牛的分娩过程

(摘自《牛羊繁殖学》)

1. 尿囊膜突出阴门 2. 尿囊膜破,羊膜囊突出阴门 3. 羊膜囊破,前蹄、嘴、鼻露出 4. 犊牛前蹄、头产出 5. 犊牛全部产出 6. 产后2~8小时胎衣自动排出

1. 开口期 从子宫开始间歇性收缩(阵缩)起,到子宫颈口充分开张,与阴道的界限完全消失为止。这一时期只有子宫阵缩而母牛不出现努责(腹肌的随意收缩)。初产母牛表现不安,食欲减退,经常起卧,来回走动,弓背举尾,频做排尿姿势。经产母牛一般安静,征象不明显,此期一般为6小时(1~12小时)。

2. 胎犊产出期 从子宫颈口完全开张起,到胎犊产出为止。此期子宫阵缩和母牛努责同时进行,共同作用,努责是产出胎犊的主要力量。母牛表现烦躁不安,腹痛,呼吸、脉搏加快;母牛努责时即自行卧地。灰白或浅黄色的尿膜囊露出阴门,随后尿囊破裂尿水排出。而后,羊膜囊突出,羊水和胎犊一同排出。奶牛胎犊产出期为 0.5～4 小时。

3. 胎衣排出期 从胎犊产出到胎衣完全排出为止。胎犊产出后,母牛安静下来,休息几分钟后,子宫又恢复阵缩,并伴有轻度努责,促使胎盘同母体脱离,最后全部胎膜、脐带以及部分残留胎水一起排出体外。奶牛的胎衣排出期为 2～8 小时,超过 12 小时仍未排出或排不尽者,按胎衣不下处理。

(五)母牛分娩前后的管理

分娩前后的管理,对于母牛的健康和产奶能力,有着重要的作用。管理不善不仅会降低干奶期饲养的效果,而且也是造成母牛多病的根源。因此,此期的管理必须特别重视。

1. 分娩前母牛的护理 母牛在分娩前 15 天左右转入产房,单独进行饲养管理,应保证产房卫生干净,用 20% 的石灰水或 5% 石炭酸溶液消毒,铺上干净而柔软的垫草。有传染病的母牛,应隔离在单独的产房内。母牛在进入产房前要进行细致地刷拭,刷净四肢、尾部、乳房和臀部。产房门口要有消毒设施,以免将细菌带入产房,影响母牛和犊牛的健康。

根据传统的饲养管理经验,在母牛进入产房后,应逐渐增加精饲料喂量。关于不断饲喂精饲料、多汁料是否会引起母牛乳房膨胀,以致影响产后健康和泌乳量的问题,笔者在北京南郊农场观察了 72 头母牛,结果未发现有不良的情况。只要采取细致的护理,即采用多温浴、多按摩、多挤奶的办法,母牛在产后 7～10 天乳房即可恢复正常。

产房内不论是白天或晚上,均应有人值班,勤换垫草,避免贼风,此期间要坚持让牛运动和刷拭牛体。临产前母牛往往有食欲不振的情况,应注意日粮配合与饲料调制。临产前2～3天,为防止母牛便秘,可饲喂加入麦麸的轻泻性饲料,以利于分娩。饲喂方法要灵活,目的是改善饲料适口性,提高其利用率和消化率,以满足母牛对营养物质的需要。

饲养员要坚持岗位责任制,做到"二清楚",即牛号清楚、预产日期清楚。接近预产期的母牛,要特别注意观察。如发现母牛有分娩征兆,助产者用0.1%～0.2%高锰酸钾温水溶液,清洗外阴部和臀部附近,并擦干,铺好垫草,将门窗关好,以防贼风,给母牛一个舒适安静的环境。一般任其自然产出胎犊,必要时进行助产。

2. 分娩后母牛的护理 良好的产后护理,对奶牛繁殖有着重要意义。分娩后,母牛子宫黏膜表层变性、脱落和再生,子宫阜的高度和体积缩小,逐渐恢复到妊娠前的状态。变性脱落的母牛胎盘、白细胞、少量血液、残留胎水以及子宫腺分泌物等混合在一起,逐渐被排出体外,这种混合液体称恶露,最初为红褐色,逐渐变为黄褐色,最后为无色透明。恶露的排出期为10～12天,子宫上皮完成重建过程需30天左右;分娩后子宫恢复到妊娠前的大小和形态的过程叫子宫复旧,需30～45天;奶牛一般在产后20天左右出现1次安静发情,产后平均34天才出现第一次完整发情。

产后母牛最重要的护理工作是注意对母牛后躯和外阴部的清洗和消毒,可隔天用1%～2%来苏儿水或0.1%新洁尔灭溶液,将恶露彻底洗净,防止产后感染。要勤换垫草,经常清扫牛床。产后10天内由于母牛消化能力较差,应供给质量好、营养丰富、易消化的饲料。母牛分娩后应立即驱起,以防止流血过多和子宫脱出。用温水(20℃～30℃)15～20升,加入食盐150～200克及麸皮少许,搅拌均匀,制成麸皮汤,给母牛饮用,可使母牛因分娩而突然血压降低及大量失水的现象得到迅速恢复。产后10～30分钟内进行第一次挤奶(初乳),挤奶前用温水清洗乳房,再用0.1%～0.2%高锰酸钾溶液或0.1%新洁尔灭溶液消毒。母牛产后如正常,一般在10～15天出产房,但如体况良好,气候也好,产后也可直接放回牛群任其自由活动。产后10～20天内牛的采食量少,要注意喂细、喂饱、喂好,除了少喂勤添外,还要做到四观察,即观察"食欲、粪便、反刍、精神",一般产后如没有异常情况,应及早将精饲料加足,其饲喂方法是在6～8千克基础料上开始,每产2.5千克奶,增加精饲料1千克,如加到一定量后产奶量不再上升,应停止增加精饲料。

3. 母牛产后常见疾病的防治 母牛产后常见疾病主要有胎衣不下、子宫复旧不良及产后瘫痪,具体防治措施如下。

(1)**胎衣不下的防治** 产后12小时胎衣排不出或排不尽为胎衣不下,过去人们主张用人工剥离胎衣的办法进行治疗,但那样处理容易使子宫感染严重。若宫阜损伤,将严重影响产后繁殖功能的恢复。建议用以下方法进行治疗。

一是对排出的胎衣端吊以重物协助排出(图7-4)。

二是肌注增强子宫活化功能的药物,如催产素(OXT)、甲基硫酸新斯的明(OXT甲)等。

三是在胎衣及子宫腔之间灌入药液,如洗必泰栓浴疗液,促进胎衣排出。

预防胎衣不下的措施有以下几点。

一是产后灌服初乳或羊水2～3千克。

二是产前10天左右灌服食油1千克左右。

三是产前多活动。不过如遇到难产及胎裘过大、人工助产等也不可避免会引起胎衣不下和子宫功能弛缓等病症。

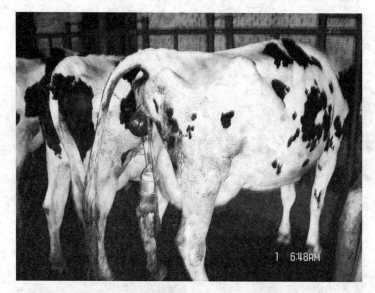

图7-4 奶牛胎衣不下治疗法之一(吊重物法)

(2)产后子宫复旧不良的防治 产后子宫复旧不良大都是由于胎衣不下、子宫功能弛缓、恶露停滞而引发,其防治措施有以下几点。

一是用黄体酮(P_4)的拮抗剂催产素(OXT)、甲基硫酸新斯的明($OXT_甲$)及人用三合激素等进行肌注。

二是直肠按摩妊娠黄体,使其尽快失去功能。

三是用0.1%新洁尔灭溶液加入催产素(OXT)、甲基硫酸新斯的明($OXT_甲$)进行子宫灌注,同时肌注活化子宫的药物如葡萄糖酸钙、氯前列烯醇等。

(3)产后瘫痪的防治 母牛产后由于大量失钙,致使引起产后瘫痪。这种病在分娩后3~5天内容易发生,特别是高产母牛,护理不好易造成死亡。此时应减少挤奶次数,静脉注射葡萄糖酸钙或氯化钙等。在分娩 24 小时后,如天气好,可让母牛自由活动,以减少疾病的发生。

二、助　产

(一)产前的准备工作

在待产母牛进入产房前,应事先对产房进行彻底清理、消毒、晾干,更换垫草。产房内应准备必要的药品(来苏儿、酒精和碘酊等)及助产用具,如肥皂、洗衣粉、脸盆、毛巾、毛刷、绷带、药棉、镊子、剪刀、手术刀、产科绳、乳胶手套、长臂塑料手套等。有条件的牛场最好准备一般诊疗器械和常用手术器械。

母牛最好在产前 1~2 周进入产房。出现分娩预兆时,应用清水清洗母牛后躯,用消毒药液清洗外阴部,更换干净垫草。

(二)助产时的注意事项

多数母牛能顺利完成分娩过程,不需助产。助产人员的主要工作是监视分娩过程,护理初生犊牛。要注意以下问题。

1. 分娩过程中的检查　胎犊的口、鼻露出阴门后,如迟迟不见胎犊产出,应用消毒后的手伸入阴道检查胎势是否正常。对胎势正常者,可等待其自然产出,必要时才进行人工辅助拉出。若只见肢蹄露出阴门,不见口、鼻露出,应及时调整胎犊的前置部位,纠正胎势,以便胎犊顺利产出。若遇到倒生时,应尽早拉出胎犊。有时,当羊膜囊露出但未破水时,应根据胎犊前置部位所在骨盆腔位置确定是否撕破羊膜。若口、鼻和前肢已露出阴门,应撕破羊膜,否则应等待。若遇到难产,应及时请兽医人员协助处理。

2. 人工辅助牵引应注意的问题 牵引前必须查清胎向、胎位、前置和胎势。若以上情况正常,只是因胎犊过大或分娩无力不能产出时,才允许人力帮助牵引。牵引时,用力应同母牛的阵缩同步,牵引的方向与骨盆轴相一致。倒生牵引时,应帮助牵拉脐带,防止其在脐孔处断裂。牵拉过程中,要用双手保护好母牛的会阴部,以防撕裂造成外伤影响母牛的繁殖(图7-5)。

 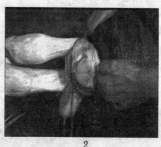

1　　　　　　　　　　　2

图 7-5 助 产
1. 用绳拴系犊牛两前蹄,与母牛阵缩同步,用力牵拉
2. 双手保护母牛会阴部,以防撕裂

3. 检查胎衣 正常情况下,胎衣在胎犊产出后 2~8 小时内排出,超过 12 小时未排出者,按胎衣不下处理。

(三)新生犊牛的管理

犊牛舍要严格消毒,牛床应有适当坡度,防止积水,铺上消毒垫草,室温控制在6℃～8℃,并严防贼风。

当犊牛产出后,用洁净的毛巾擦去口、鼻周围黏液,用5%碘酊浸泡消毒脐带,次日再消毒1次,以防发生脐带炎。产后争取在10～30分钟内让犊牛吃到初乳,喂量一般控制在犊牛体重的1/10,以防瘤胃臌胀及犊牛下痢。产后10天左右给犊牛投放一些优质干草,让犊牛自由采食,促进瘤胃微生物区系的发育。喂奶量一般为8～40日龄6千克/天,41～60日龄4千克/天,60日龄至断奶2千克/天。总之,在产后半年内要保证犊牛吃到牛奶330～350千克,代用料600千克。10～40日龄可用电烙法去角和附乳头。也可用市售的除角灵在犊牛产后15～45天安全去角。方法是:犊牛产后15～45天,在牛角部突起表面1平方厘米左右的面积上,剪去5分硬币大小的圆形毛,将除角灵涂于剪毛部,有1～2分硬币厚度即可。涂药后的犊牛会表现不安、歪头走动等,5分钟后会恢复正常。涂药5天左右角部皮肤变硬,但不会溃烂化脓,再过几天后角部皮肤自然脱落,长出新毛。此药可长期保存使用,变干时可加水变软再用,但不可加水太多、太稀,调成糊状即可,如果涂后10分钟脱落应重新涂1次。

第八章　奶牛不孕症的防治技术

奶牛在妊娠、分娩、产后护理等过程中,由于母体生理状况的特殊性,要求在饲养管理过程中除了供给维持母体正常生命活动的营养及护理外,还需要供给胎犊发育所需的营养物质及正常环境。如果在饲养管理过程中,母体或胎犊健康发生紊乱或受到损害,这种由母体和胎犊以及它们与外界生活条件之间保持的相对平衡就会受到破坏,正常的妊娠过程就会转化为反常的病理过程,从而发生疾病。此外,母牛在分娩过程中,整个机体有可能适应不了分娩的剧烈变化或在分娩时造成生殖器官损伤,则母牛产后的生理过程就可能受到扰乱,而引发产后疾病,这些疾病常使以后的妊娠过程受到影响,甚至引起死亡。当然也有由于其他原因造成的奶牛不孕,如遗传特性、生长发育受阻、人为操作不当造成生殖器官感染等。对于上述疾病,必须根据各种疾病的发病原因,注意防治,加强管理。

根据发病原因,奶牛常见不孕症可分为产前不孕症和产后不孕症。产前不孕症主要包括先天性异性孪生母犊不孕;后天性犊牛培育不良形成幼稚型母犊不孕;由于繁殖技术不良及不注意无菌操作引发的不孕;由于早期胚胎死亡诱发的不孕。产后不孕症主要包括母牛产犊时助产不当引发的不孕;产后护理不当引发的不孕;产后发情观察及直肠检查不到位引发的不孕;卵巢囊肿、子宫内膜炎等引发的不孕。

一、产前不孕症

(一)异性孪生母犊不孕

异性孪生母犊是指母牛怀异性双胎所产的母犊,这种母犊有90%是不孕的,也叫弗里马丁母犊。如果母牛在怀异性双胎的过程中,公犊死亡流产,只留下母犊,且足月产出,这种母犊叫自由马丁母犊,有20%是不孕的。

形成以上2种不孕母犊的原因是由于异性孪生胎犊的绒毛膜和尿囊膜血管彼此融合在一起,雄性胎犊的血液带着雄激素流过雌性胎犊的胎盘,从而抑制了雌性胎犊生殖器官的发育。

1. 异性孪生母犊(弗里马丁母犊) 一般外阴小,有的在阴门下联合处有一撮粗长的毛,有的阴蒂大而长,阴道长度一般小于7厘米。直肠检查生殖器官时,发现卵巢极小,有的如同小豆或黄豆,有的根本摸不出,子宫很细,无子宫体、子宫颈。此种牛应及早淘汰。

2. 自由马丁母犊 一般生殖器官外部正常,有的只是阴门拖长,黏膜经常发红好似发情状,但不爬跨其他母牛,也不让其他母牛爬跨,不流黏液。在直肠检查时,发现生殖器官如同正常牛,卵巢呈肾形,也有子宫,但子宫颈柔软无皱褶,所以子宫颈口常开张,不关闭,如同一条肉袋同阴道相通。两卵巢摸似肉蛋,有弹性。这种母牛有外部发情征象,但卵巢上没有卵泡发育及排卵现象,卵巢属卵睾体结构。此种母牛也应及早淘汰。但是,也有一部分有生殖能力的自由马丁母犊,虽然发情表现不正常,但经过生殖功能轴的调节治疗也可以妊娠、繁殖。该种母牛如同发育不良的幼稚型牛。

(二)幼稚型母牛不孕

幼稚型母牛不孕主要是在犊牛生长发育过程中,由于饲养管理不善,犊牛营养不良,造成其繁殖功能丧失。

幼稚型母牛生殖器官虽然也成形,但发育差,卵巢小且为静止型卵巢,子宫如幼儿手指一样粗细。到2岁左右仍不出现初情期。如果在这个阶段强化饲养管理,大部分母牛会出现发情表现,并可以妊娠。但如有个别母牛经治疗后,仍然没有发情表现,只能尽早淘汰。

(三)由于人工授精及治疗不当引发母牛不孕

母牛发情时,子宫极易发生感染,尤其在发情不旺或不发情输精时极易造成子宫感染,引起子宫内膜炎和免疫性不孕,影响繁殖。因此,当技术人员进行人工授精时,一定要注意观察母牛的发情表现,结合直肠检查结果进行适时输精,并注意无菌操作。

如果母牛需要清洗子宫治疗时,最好在发情、子宫颈开放时进行,一般用500~1 000毫升生理盐水灌注即可,并且注意无菌操作,否则容易引发感染造成不孕。如果子宫颈不开张可以肌注人用三合激素,使子宫颈打开后再进行清洗,洗后必须给予促进子宫功能活化的药物。

(四)胚胎早期死亡造成母牛不孕

胚胎早期死亡是造成奶牛不孕的主要原因之一(图 8-1,图 8-2)。据资料报道,母牛不孕并非卵子未受精所致,多数归咎于胚胎的早期死亡。胚胎的早期死亡大部分因子宫环境

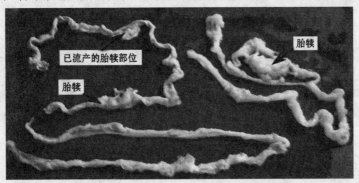

图 8-1　胚胎早期死亡流产的胎衣及胎犊(2 个月左右)

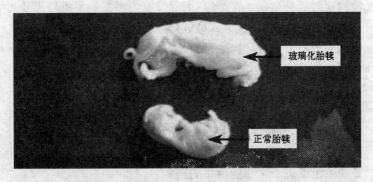

图 8-2　早期死亡的玻璃化胎犊及正常胎犊

不良所致,但母牛发情周期的长短不会改变。笔者经过多年的奶牛繁殖实践证明了这一结论是正确的,并且创造了新的极早期(16±1天)妊娠诊断法(见本书第六章有关内容),对于预防胚胎早期死亡具有重要的意义。生产实践中有直肠检查技术的繁殖改良人员,只要尽快掌握这项技术,就可以极早预防奶牛胚胎的早期死亡。

1. 残留绒毛膜综合不孕征 这是由于早期胎犊死亡,多次隐性流产而形成,可采用洗必泰栓浴疗液治疗。这种牛呈现3种不同的外部表现。

一是发情时阴门不红肿,也不流黏液,拨开阴门时可见到特殊的红色黏膜。在直肠检查时,有黏液流出,卵巢上也有卵泡发育。在活动场上,没有爬跨与被爬跨的现象。

二是有的发情周期不正常,阴门不收缩,经常呈现如同妊娠5~6个月以上的阴门红色,类似高泌乳血症不孕牛,每次发情呈现不排卵周期。

三是形成屡配不孕牛,这种牛经屠宰后,剖开子宫见子宫阜呈棕色或黑色,而子宫角尖端更为严重。

2. 如同带有避孕环式的不孕牛 由于胎犊在4个月左右死亡,妊娠黄体转变为囊肿黄体,有时子宫颈口稍开张,将胎犊的肌肉及软组织溶化流走,子宫内只剩下胎犊的骨头而形成。笔者曾处理过这种牛,打开子宫颈只能取出一些头骨、大腿骨等,其余骨头无法取出,所以这种牛只有让畜主早日淘汰。生产中如发现胎犊死亡应及早采取措施,取出胎衣和死亡胎犊。

二、产后不孕症

(一)助产不当引发不孕

这种由于人为过早介入奶牛产犊过程而造成的不孕,主要见于个体奶牛养殖户。当母牛分娩时,由于养殖户心急,又怕母牛分娩时出问题,事前就请来一些人员帮助接产,这样母牛在分娩时由于环境嘈杂,不能安静分娩,再加之这些接产人员一见到尿膜囊时就人为弄破,从而使母牛受到刺激,破坏了自然分娩程序,造成难产。当犊牛初露时又过早拴系犊牛蹄腿,多人牵拉,造成母牛生殖道损伤,从而引发产后不孕。实际在奶牛生产实践中,由于胎犊异位而引发难产的概率很低(有资料报道,仅为3‰~5‰),所以奶牛分娩时,应以自然分娩为主。如无产房,可将母牛置于安静处任其自然分娩,管理员只需注意观察有无异常即可。

在母牛分娩过程中,也有由于产后胎盘滞留而引发不孕的。对于这种情况,一般只需加强妊娠母牛的后期管理,使母牛体况良好,就可以大大减少此种情况的发生,避免产后不孕。

(二)产后护理不当引发不孕

良好的产后护理是防治奶牛产后不孕的关键措施。产后第一天产道与子宫的感染是最危险的,因为这时产道开放,子宫黏膜无上皮增生,类似表面创伤,损伤的黏膜和子宫阜是微生物生长的良好环境,所以母牛产后必须加强护理工作,每天用消毒水清洗母牛外阴部、尾部及后躯,牛床也应经常消毒,清扫。

母牛在分娩过程中和产后,机体特别是生殖器官发生急剧的变化,加之产后又要泌乳,因此产后体况和生殖器官的恢复也是防止产后不孕的关键。

母牛产后如能收集羊水给予饮用2~3千克,可以促进胎衣的排出,如收集不到羊水,亦可在产后半小时内挤下初乳让母牛饮用。另外,为了尽快恢复母牛在分娩过程中损失的大量水分和体能,可以在产后马上饮用加入适量盐和红糖的温热麸皮水15~20升。

产后应注意观察胎衣和恶露的排出情况,如胎衣滞留或恶露排泄不畅,可能导致产后子宫弛缓,引发产后子宫内膜炎、子宫复旧不良、屡配不孕等产科疾病。

为了尽快改变母牛产后易形成能量负平衡的状况,应饲喂一些高能量、易消化的饲草料,但饲喂量不可太大,以防引起消化不良而适得其反。

(三)产后发情观察和直肠检查不到位引发不孕

生产实践中,奶牛的发情鉴定主要以观察为主,但是产后奶牛的隐性发情率一般较高(表6),而且奶牛发情高峰多在晚上9时以后(台湾繁殖专家冯翰鹏教授指出有68%的奶牛是在夜间安静后发情)。所以,管理人员应1天4次尤其在夜间要做好奶牛的发情观察工作,以免错过最佳配种时期。

表6 奶牛产后隐性发情统计

产后发情次数	产后天数(天)	隐性发情(%)
第一次	15	75
第二次	32	50
第三次	53	33
第四次	74	10

奶牛产后直肠检查主要在产后3~5周,通过检查奶牛子宫复旧和卵巢功能恢复情况判定是否适合配种。虽然有资料报道,健康母牛分娩后12~14天即可有1个新的卵子成熟排出,但是经过笔者多年的生产实践认为,奶牛产后卵巢上第一个黄体通常维持时间较短,而大部分在产后26天左右(个别在产后21天),会有1个新的卵子成熟排卵,这时应及时做好检查,判定是否可以配种。如果在直肠检查时发现生殖系统有问题,则应加强产后治疗,治愈后方可配种。

(四)卵巢囊肿引发不孕

当奶牛卵巢中有10天以上的囊状结构,其体积大于成熟卵泡,并且卵巢上无黄体共存,即属于卵巢囊肿。由于这种不孕症多发于高产奶牛群,所以经济损失相当严重。

生产实践中,通过直肠检查法进行卵巢囊肿诊断时,有时因无法准确判定卵巢上有无黄体共存,所以常结合奶牛发情外部观察法进行判断。如果奶牛发情周期正常,则表明在卵巢囊肿的发育过程中有卵泡排卵并形成黄体,这种情况即使直肠检查很似卵巢囊肿,也可以判定为正常发情,并且可以配种。反之,则确诊为卵巢囊肿。

卵巢囊肿的治疗可以采用肌注促性腺激素释放激素(GnRH)的方法,使病牛引起促黄体素(LH)的释放,进而促进卵巢囊肿的黄素化,到第十天变为持久黄体或不良黄体,之后再进行溶黄体治疗。如果用激素治疗无效时可以改用肌注皮质甾酮(即倍他米松)10~40毫克或地塞米松10~20毫克。一般20~45天即可治愈。

卵巢囊肿还可以用挤破法,挤尽囊肿液。如挤不破时,可以用穿刺法。具体操作方法:穿刺部位在髋结节与大转子连线中点上2指处,穿刺针使用长18厘米的16号注射针。穿刺点部位消毒,直肠内的手将囊肿卵巢移至穿刺点上压紧,外面的手持针刺入,刺后将囊肿液抽尽。

当测定奶牛血、奶中的孕酮含量达到2微克/毫升以上时则认为具有正常的孕酮周期。如果此时奶牛仍看不到发情表现,则可能为安静型发情或发情观察不到位,此时管理人员需注意观察奶牛发情情况,并做好管理工作。

(五)产后子宫内膜炎引发不孕

产后子宫内膜炎是引发奶牛不孕的主要原因,也是并发其他生殖疾病的根源。据报道,英国有95%的奶牛不孕症起源于产后子宫内膜炎,我国不孕牛总数的68%也是由产后子宫内膜炎引发。所以预防和治疗产后子宫内膜炎的发生和发展就成为治疗奶牛不孕症的重中之重。子宫内膜炎会引发子宫功能失调、子宫弛缓、子宫收缩功能减弱、产后恶露滞留、子宫复旧不良,进而发展为化脓性子宫内膜炎,个别严重的成为坏疽性子宫内膜炎,使母牛失去繁殖功能;有的成为隐性子宫内膜炎造成屡配不孕;有的影响卵巢功能,形成卵巢囊肿不孕等。

导致母牛产后子宫内膜炎发生的原因是产犊时人为过早介入形成难产、胎衣不下;产后护理不到位,如牛体消毒、清除恶露以及产后 3~5 周的子宫复旧情况的检查治疗没有跟上;产后机体营养负平衡状态得不到改善等。其症状为发情后卡他性黏液增多,有时发污,排卵后进入分泌期,仍然阴门发红、肿胀不收缩;有的是发情时阴门不肿胀也无黏液,但阴门呈异常红色,这属于产后残留绒毛膜综合征;有的一切正常,但形成屡配不孕;有的是卵巢静止,不发情或无规律的性周期;有的为卵巢囊肿等。治疗方法:首先进行预防治疗,可在产后 10~15 天肌注氯前列烯醇 0.2~0.4 毫克。其次在产后 26~27 天进行产后子宫、卵巢功能复旧情况的直肠检查,如果不正常可先肌注催产素(OXT)50 单位和人用三合素 10~20 毫升,第二天用洗必泰栓浴疗液进行子宫灌注治疗。

洗必泰是一种广谱抗菌药,是多年来治疗产科疾病的良药。应用到奶牛子宫内膜炎的治疗上,效果良好,值得推广应用。

洗必泰栓浴疗液的配制方法为:生理盐水 500 毫升,洗必泰栓 10 枚,将生理盐水加热到 80℃,放入洗必泰栓使其溶化,待溶液温度降到 40℃时加入 30 单位的催产素(OXT)。

第九章 奶牛的胚胎移植技术

一、奶牛的胚胎移植技术概述

奶牛的胚胎移植是指将具有优良遗传性状的母牛和公牛交配后的早期胚胎取出,移植到另一头生理状态相同的母牛体内,使之继续妊娠发育为新个体的过程。供给胚胎的母牛称为供体,接受和孕育胚胎的母牛称为受体。此项技术又称为"借腹怀胎",包括供体的选择、供体的超数排卵、胚胎采集及品质鉴定、受体的选择、胚胎移植等技术环节(图9-1)。

(一)胚胎移植技术在奶牛业生产中的重要性

胚胎移植技术在奶牛业生产中的作用概括起来有以下几方面。

1. 充分发挥优良母牛的繁殖潜力,提高繁殖效率 优良奶牛数量的增加,既取决于公牛,也有赖于优良母牛,其后代的生产性能取决于父、母双方。胚胎移植如同人工授精可提高优良公牛的配种效率一样,能够充分发挥优良母牛的繁殖潜力。如通过对供体的超数排卵处理,则能够在同一时间内生产出具有双亲优良基因的多个后代。据有关资料报道,如1头优良母牛自然妊娠和产犊,一般每年只能产出1头犊牛,而通过胚胎移植,1头优良母牛如按每年3次超排处理,可提供15~20枚可用胚胎,通过鲜胚移植每年可产出8~12头犊

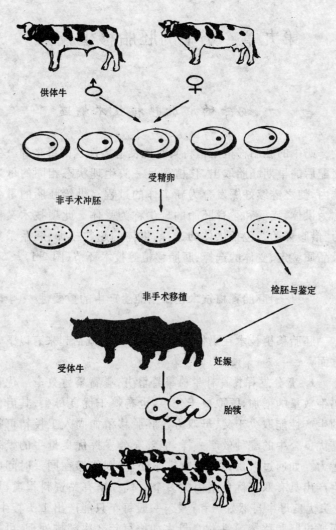

图 9-1 胚胎移植

牛,若为冻胚移植也可产出6~10头犊牛。

2. 加速品种改良,扩大良种牛群 自然生产的母牛,其产生的成熟卵子数很少,且其妊娠期会占去一生中大部分时间。应用胚胎移植技术就会使供体母牛排出多个卵子,产出大量的后代。据报道,通过胚胎移植技术可使供体增加后代近10倍。同时还可解除其妊娠的过程,大大提高优良母牛在育种工作中的作用,不仅能够使良种牛群迅速建立和扩大,而且有利于选种工作的进行和品种改良规划的实施。

3. 代替种牛的引进,防止疫病传播 冷冻胚胎可以长期保存,这就使胚胎移植突破了时间和空间的限制。从国外进口种牛胚胎,到国内进行移植,这样就会大大节约购买和运输种牛的费用,同时也便于控制疫病传入。此外,利用引进的胚胎在国内移植产下的种牛,由于在当地生长发育,较容易适应当地的环境条件,又可从受体母牛那里得到一定的免疫力,这些好处都优于直接引进活牛。

4. 克服奶牛不孕 有些优良的母牛容易发生习惯性流产或难产,或由于其他原因不宜负担妊娠过程(如年老体弱),可采用胚胎移植,让其他牛将其后代繁殖产出。据报道,美国科罗拉多州州立大学将1头长期屡配不孕的母牛作为供体,通过胚胎移植,在15个月内得到了30头犊牛。

(二)应用胚胎移植技术的基本原则

第一,胚胎移植的供体、受体间要属于同一物种,即"种属关系一致性"。

第二,供体、受体要处在发情周期的同一生理阶段,前后相差不得超过24小时,即"生理阶段一致性"。

第三,胚胎移植的解剖部位要一致,如从供体子宫角采集的胚胎必须移植到受体的子宫角部位,以保证胚胎前后所处环境相同,即"移植部位一致性"。

二、供体牛的选择与同期发情

(一)供体牛的选择

1. 具备优秀的遗传基因 供体牛的祖先、同胞或后代生产性能优秀,自身的产奶量、乳脂率、乳蛋白含量都较高。遗传性能稳定,系谱明确。

2. 具有良好的繁殖能力 既往繁殖史好,易配易孕;繁殖史上没有遗传缺陷;分娩顺利,无难产或胎衣不下现象;生殖器官正常,无生殖疾病,如子宫炎、阴道炎、输卵管炎、卵巢囊肿和硬化等;性周期正常、发情征象明显。

3. 营养良好,体质健壮 供体牛日粮为全价配合饲料,并注意补给青绿饲料,膘情适度,不要过肥或过瘦。体质差的母牛通常对超数排卵处理无反应,因为生殖系统对全身功能性障碍都极敏感。

(二)供体牛的同期发情处理

同期发情就是利用某些激素制剂,人为地控制并调整母牛的发情周期,使其在预定的时间内集中发情的方法。在胚胎移植中,对供、受体牛进行同期发情处理,可以在较短的时间内繁殖大量的犊牛。

同期发情技术主要通过2种方法:一是向待处理的母牛群同时施用孕激素,抑制卵泡的发育和发情,经过一定时期同时停药,随之引起同期发情。这种方法,当在施药期内,如黄体发生退化,外源孕激素代替了内源孕激素(黄体分泌的孕激素),造成了人为黄体期,推迟了发情期的到来。二是利用前列腺素或其类似物使黄体溶解,中断黄体期,降低了孕激素水平,从而提前进入卵泡期,使发情提前到来。这两种方法所用的激素性质不同,但都是使孕激素水平迅速下降,达到发情同期化的目的。

用药物诱导同期发情的母牛必须达到性成熟且空怀,管理规范,满足营养需要,具有自然发情周期。母牛同期发情技术的常用方法有以下几种。

1. 氯前列烯醇一次注射法 在母牛处于发情周期的6~17天时,给予氯前列烯醇才有效果,可使用上海市计划生产科学研究所生产的氯前列烯醇。在进行同期发情处理前,至少需要观察记录母牛的前一次发情情况。选择6~17天,卵巢上确有功能性黄体的母牛进行肌内注射氯前列烯醇,注射剂量为成母牛0.6毫克,青年母牛0.5毫克。使用该法进行同期发情处理的母牛,出现发情的时间范围较大,从注射后第一天至第五天均有发情,一般集中在注射后48~72小时内。

例如,一个100头规模的正常空怀牛群,每天约有5头母牛发情。因此,处于发情周期0~5天的母牛约有30头(占30%),处于18~20天的母牛约有15头(占15%)。从以上分析可以看出,适合于氯前列烯醇一次注射法进行同期发情的母牛只占55%左右。当然,处于18~20天的母牛,即使没有注射氯前列烯醇,也会在1~3天内自然发情。所以,一个100头规模的正常空怀母牛群,全部母牛使用氯前列烯醇一次注射法进行同期发情处理,理论上同期发情处理的最高发情率可达70%左右。

2. 氯前列烯醇两次注射法 对具有正常发情周期的母牛在任意一天注射氯前列烯醇,间隔11天,进行第二次氯前列烯醇注射,剂量同一次注射法。如前例,在这样一个100头规模的正常空怀牛群中,有30%处于发情周期0~5天,有15%处于18~20天,处于6~17天的母牛约占55%。这样对发情周期0~5天的母牛进行第一次氯前列烯醇注射时,没有黄体可溶解,药物很快代谢掉,对新生黄体的形成没有影响。因此,这部分母牛在第二次注射时处于12~16天,正好是黄体期;对6~17天的母牛第一次注射氯前列烯醇后,黄体溶解,在随后数天内发情。因此,这部分母牛在第二次氯前列烯醇注射时处于7~11天,也正好是黄体期;对18~20天的母牛第一次注射氯前列烯醇后,药物不起作用,但母牛随后自然发情,因此这部分母牛在第二次氯前列烯醇注射时处于8~11天。所以,全部母牛在第二次注射氯前列烯醇时均处于功能性黄体期。繁殖性能和营养均正常的牛群,采用氯前列烯醇二次注射法的同期发情成功率可接近80%。

3. CIDR加氯前列烯醇法 于任意一天,在阴道内放置CIDR(孕激素阴道栓)。放置当天视为0天。在放置CIDR时,母牛需清洗消毒外阴部,用专用阴道栓放置枪放置CIDR。放置后第九天肌注氯前列烯醇,剂量同一次注射氯前列烯醇法,第十天撤除CIDR。用该同期发情法处理的母牛,一般集中在撤栓后24~36小时内发情。

例如,还按100头营养与繁殖性能均无异常的空怀牛群计算,在任意一天放置CIDR时,约有30头牛处于发情周期的0~5天,有55头牛处于发情周期的6~17天,有15头牛处于发情周期的18~20天。放置CIDR后,相当于在牛体内埋植了一个人工黄体,不管母牛处于发情周期的哪一天、有没有自身黄体以及自身黄体是否会随后发生退化,体内孕酮都会立即上升并维持较高水平,母牛不会发情。在放置CIDR的第九天,有一部分母牛存在自身功能性黄体,此时注射氯前列烯醇,即可溶解自身黄体。当第十天撤掉CIDR时,所有受体牛的孕酮水平立即下降,母牛随后发情。该方法的同期发情成功率可接近90%,但成本也最高。

三、供体牛的超数排卵技术

在发情周期的某一阶段注射外源促性腺激素,诱发母牛卵巢上多个卵泡同时发育和排卵的方法称为超数排卵,简称"超排"。奶牛在发情周期中通常只有1个卵泡发育成熟并排卵,其余的都发生闭锁而退化。实验研究发现,在母牛的黄体期结束之后,卵泡期启动之前,注射促性腺激素,能使平均10个以上的卵泡不发生闭锁而正常发育,达到成熟和排卵。使母牛的繁殖能力提高几倍至十几倍,从而大大加快了良种牛群的繁育速度。常用的超数排卵方法有以下几种。

(一)注射孕马血清促性腺激素(PMSG)法

在一定浓度范围内,随着PMSG剂量的增大,卵巢的反应增强,一般母牛的肌内注射剂量为1 500~3 000单位,若超过3 000单位时,不能增加卵巢的排卵数。由于PMSG的半衰期较长,因此它用于超排处理的优点是只需1次皮下或肌内注射,不必多次注射,节约人力和物力;缺点是其在体内的清除较慢,排卵以后残留的PMSG继续诱发卵泡发育,使母牛体内的激素发生紊乱,影响卵子受精和早期胚胎的发育。为克服这些不利影响,可在第一次输精时肌内注射与PMSG等剂量的PMSG抗体。采用PMSG进行母牛超排的具体方案是:在母牛情期的9~13天,一次肌内注射PMSG 2 000~3 000单位(按每千克体重5单位计算),48小时后肌内注射氯前列烯醇0.8毫克,大部分被处理母牛在氯前列烯醇注射后40~48小时发情,发情母牛在接受爬跨后4~6小时进行第一次输精,同时肌内注射与PMSG等剂量的PMSG抗体,以后间隔12小时再输精1次。

(二)注射促卵泡素(FSH)法

高纯度的FSH能有效地促进母牛卵泡的发育,但其在体内的半衰期较短,要维持血液中FSH的浓度,需要进行多次注射才能取得较好的超排效果。由于不同生产厂商出售的FSH的来源、纯度和表示活性的方法都不相同,因此在确定超排方案的时候,需要根据FSH的生产厂家提供的资料灵活运用。目前在市场上出售的有中国科学院生产的从猪垂体中提取的FSH;加拿大Vetrepharm Canada Inc从猪垂体中提取的FSH;新西兰公司从羊垂体中提取的FSH;中国宁波激素制药厂从猪垂体中提取的FSH。应用FSH超排时,一般要求连续肌内注射3~5天,每天2次,每次间隔12小时,注射部位是臀部肌肉。运用FSH进行母牛超排的具体方案是,对于发情记录准确的母牛,以发情之日计为0天,在发情后第九天、第十天、第十一天、第十二天、第十三天连续递减注射FSH,每天2次,每次间隔12小时。在第十二天上、下午,每头牛各注射氯前列烯醇0.4~0.6毫克。第十三天观察发情，每6小时观察1次，每次观察半小时以上。母牛接受爬跨12小时后第一次输精，以后间隔12小时再输精1次（表7）。这种方案的优点是获得的可用胚胎数比PMSG方案多，卵巢上残留的卵泡少，不易出现卵巢囊肿；缺点是操作复杂，工作日程必须与供体母牛的发情状态一致，成本较高。

表7　国产促卵泡素（FSH）递减注射的超排方法

时间进程（天）	9	10	11	12	13	14	15
上午	0.7毫克	0.6毫克	0.5毫克	0.4毫克	0.3毫克	发情	人工授精
下午	0.7毫克	0.6毫克	0.5毫克	0.4毫克	0.3毫克	发情	人工授精

FSH的总量为5毫克，在第十二天注射FSH的同时注射氯前列烯醇，在第二次输精时注射促黄体素（LH）100~200单位/头。

对于发情不一致的群体母牛，在发情周期的任一天放入CIDR，记为第0天，在第九天、第十天、第十一天、第十二天连续注射FSH，每天2次，每次间隔12小时。在第七次FSH注射时，取出CIDR，每头牛注射氯前列烯醇0.4~0.6毫克。第十三天观察发情，并进行人工授精，方法同上。这种方案是目前国内广泛采用的，其优点是获得的可用胚胎数量多，结果稳定，能根据工作日程生产，不受供体发情状态的影响，适宜产业化生产；缺点是成本稍高。

在发情周期的任一天，第一次注射氯前列烯醇0.4~0.6毫克，11天后第二次注射等量的氯前列烯醇。在第二次氯前列烯醇注射后7天放入CIDR,并记为0天,在第二天注射雌激素,从第六天上午开始肌内注射FSH,共注射8次,每天2次,间隔12小时。在第五和第六次FSH注射的同时,再注射氯前列烯醇2次,每次0.4~0.6毫克,并在第六次FSH注射的同时取出CIDR。第八次FSH注射后,观察发情并进行人工授精。再以发情之日为0天计算,第七天后冲胚,冲胚后48小时内注射氯前列烯醇。如果进行鲜胚移植,受体母牛与供体同一天放入CIDR,在放入CIDR后第七天的中午注射氯前列烯醇,24小时后取出CIDR,受体母牛的发情时间基本与供体一致。这种方案在国外被广泛应用,其优点是结果稳定,获得的可用胚胎数多,适合产业化生产;缺点是操作复杂,成本较高。从大量的超排统计来看,每头供体平均获得8枚胚胎,其中可用胚约5枚。

四、胚胎的采集及鉴定技术

(一)胚胎的采集技术

胚胎采集又称冲卵、采胚、冲胚或采卵,它是利用特定的溶液将早期胚胎从母牛的子宫或输卵管中冲出并回收利用的过程。牛胚胎的采集方式有手术法和非手术法2种,目前采用的主要是非手术法。胚胎采集是胚胎移植的关键环节之一,它包括冲胚液的配制与灭菌、冲胚器械的准备、供体牛的检查与处理、冲胚操作等步骤。

1. 冲胚液的配制与灭菌 冲胚液是从母牛生殖道内冲取胚胎和进行胚胎体外短时间保存的与胚胎细胞液等渗的溶

液。目前最常用的是杜氏磷酸盐缓冲液(DPBS)。该溶液的主要成分包括无机盐、缓冲物质、能量物质、抗生素和大分子物质。具体配方见表8。

表8 杜氏磷酸盐缓冲液(DPBS)冲胚液的配方

成　分	浓度(摩/升)	含量(克/升)
NaCl(氯化钠)	136.87	8.00
KCl(氯化钾)	2.68	0.20
KH_2PO_4(磷酸二氢钾)	1.47	0.20
Na_2HPO_4($Na_2HPO_4 \cdot 12H_2O$)(磷酸氢二钠)	8.09	1.15(2.916)
$CaCl_2$($CaCl_2 \cdot 2H_2O$)(氯化钙)*	0.90	0.10(0.132)
$MgCl_2 \cdot 6H_2O$(氯化镁)*	0.49	0.10
Na Pyruvate(丙酮酸钠)	0.33	0.036
Glucose(葡萄糖)	5.50	1.00
Penicillin(青霉素)	—	100000 单位
Streptomycin(链霉素)	—	0.05
Phenol Red(酚红)	—	0.005
BSA(牛血清白蛋白质)	—	3.00

注：* 单独溶解，然后缓缓加入到含有其他物质的溶液中，以防止发生沉淀。

配成冲胚液的 pH 值为 7.2～7.1，渗透压为 290～100 毫摩；溶液配制后用滤膜孔径为 0.22 微米的滤器进行过滤灭菌；冲胚液在灭菌后放入冰箱中冷藏(4℃)，为保证质量要求在 2 周内用完

在进行大规模胚胎移植的产业化生产过程中，DPBS 中的无机盐可配制成浓缩为 10 倍的溶液进行贮存使用。为防止沉淀，浓贮液分为 A、B 两种。

A 液的成分和含量为：NaCl 80 克/升；KCl 2 克/升；

$CaCl_2$($CaCl_2 \cdot 2H_2O$)1 克/升(1.32 克/升);$MgCl_2 \cdot 6H_2O$ 1 克/升。

B 液的成分和含量为:Na_2HPO_4($Na_2HPO_4 \cdot 12H_2O$,$Na_2HPO_4 \cdot 7H_2O$)11.5 克/升(29.16 克/升,21.6 克/升);KH_2PO_4 2 克/升。

A、B 液配好后分别进行高压灭菌,然后放入 4℃ 冰箱中保存,最长可使用 3 个月。在用浓贮液配制冲胚液时,先取 A 液 100 毫升,加入超纯水 700 毫升,再缓缓加入 B 液 100 毫升,混匀,然后加入丙酮酸 36 毫克,葡萄糖 1 克,BSA 3 克和抗生素,溶解后进行定容、混匀、过滤灭菌、冷藏保存。

有的试剂公司,如美国的 GIBCO,出售 DPBS 粉剂,需要按其说明进行配制,防止发生沉淀。DPBS 粉剂中如不含 BSA 和抗生素,则需要另外添加。溶液配好以后,用与上述同样的方法进行过滤灭菌和冷藏。

2. 冲胚器械的准备 牛非手术法冲胚时需要的主要器械有:二路式或三路式冲胚管,其主要作用是导入和导出冲胚液;冲胚管内芯,长度一般为 64 厘米左右,其主要作用是增加冲胚管的硬度,有利于冲胚管插入子宫角;子宫颈扩张棒,主要作用是扩张母牛特别是青年母牛的子宫颈腔,以利于冲胚管的插入;黏液去除器,其作用是去除母牛子宫颈黏液,防止冲胚管插入时将黏液推入子宫腔;三通管、硅胶管或 Y 形硅胶管,其作用是将冲胚液、集卵杯与冲胚管连接为一个整体;集卵漏斗和集卵杯,用于过滤和盛放回收液;1 000 毫升吊瓶,1 000 毫升量筒,500 毫升量筒,50 毫升注射器,20 毫升注射器,用于盛放和抽吸冲胚液。此外,还需准备必备的消毒药品、麻醉药品以及抗生素、生理盐水等。

冲胚前所有使用的器械都要进行灭菌处理。在无菌间用冲胚液冲洗消毒后的冲胚管及其连接导管、集卵杯、吊瓶2～3次,冲胚管插入钢芯,检查气囊是否完好。冲卵液在37℃的水浴锅或恒温箱中预热备用。

3. 供体牛的检查与处理 供体牛在发情的5～6天通过直肠检查两侧卵巢上的黄体数,确定进行冲胚处理牛的头数。两侧卵巢上有2个或2个以上黄体的母牛才能进行冲胚,冲胚一般安排在发情的第七天进行。母牛在冲胚前禁水、禁食10～24小时,冲胚前被牵入冲胚室,非手术法冲胚时在保定架内实施前高后低保定,冲胚室的温度维持在20℃左右。在冲胚前10分钟,剪去荐椎和第一尾椎结合处或第一尾椎和第二尾椎结合处的被毛,用75%酒精消毒后,注射2%利多卡因(2%普鲁卡因)5～10毫升/头,实行尾椎硬膜外鞘麻醉,直到尾部失去知觉。麻醉的目的是使母牛镇静,子宫松弛,以利于进行冲胚操作。

4. 非手术法冲胚 母牛麻醉后将尾巴竖起拉直绑在保定架上,清除直肠内的宿粪,先用清水冲洗外阴部,再用0.1%高锰酸钾溶液冲洗消毒并用灭菌的卫生纸擦干,最后用75%酒精棉球消毒外阴部。

通过直肠把握,用扩张棒对子宫颈进行扩张(青年牛尤为必要)并用黏液去除器去除子宫颈黏液,然后把带芯的冲胚管慢慢插入子宫角,当冲胚管到达子宫角大弯处,由助手抽出内芯5厘米左右,继续把冲胚管向前推。当内芯再次到达子宫角大弯处时,再把内芯向外拔5～10厘米,继续向里推进冲胚管,直到冲胚管的前端距宫管结合部的距离5～10厘米为止。

助手用20毫升注射器先给冲胚管气囊充气10毫升,然后操作者根据气囊所在子宫角的粗细,确定充气量,一般青年母牛为14～16毫升,经产母牛为18～25毫升。冲胚管固定后抽出内芯。然后将冲胚管与带有液流开关的Y形硅胶管相连。

灌注冲胚液冲取胚胎的方法有吊瓶法和注入法。吊瓶法是将每头供体需要的冲胚液盛放在1升的吊瓶中,用Y形硅胶管将吊瓶和冲胚管连接在一起,然后将吊瓶挂在距母牛外阴部垂直上方1米处。冲胚操作者用一只手控制液流开关,向子宫角灌注冲胚液20～50毫升,另一只手通过直肠按摩子宫角,在灌注的时候,用食指和拇指捏紧宫管结合部,灌注完毕后,关闭进流阀,开启出流阀,用集卵杯或量筒收集冲胚液,同时从宫管结合部向冲胚管方向挤压子宫角,以使灌入的冲胚液尽可能被回收。如此反复冲洗和回收8～10次,冲胚液的注入量由刚开始的20～30毫升逐渐加大到50毫升,每侧子宫角的总用量为300～500毫升。将回收冲胚液的集卵杯或量筒密闭后,置于37℃的恒温箱或无菌室内静置。一侧子宫角冲胚结束后,操作者拉直冲胚管,助手将冲胚管与Y形硅胶管断开,并小心插入内芯,操作者的另一只手在直肠内诱导内芯插入后,给气囊放气,从已冲胚的子宫角拔出冲胚管,在子宫内再将冲胚管插入另一侧子宫角,用同样的方法进行冲洗8～10次。注入法的其他操作与吊瓶法相同,惟一不同的是:助手用50毫升注射器吸取事先加温至37℃的冲胚液20～50毫升,将注射器与冲胚管连接,操作者手持注射器,将冲胚液注入子宫角,再用直肠内的手按摩子宫角,最后将冲胚液再抽回注射器,利用集卵杯回收胚胎,如此反复进行8～10次。

两侧子宫角冲胚完成后,放出气囊中的一部分气体,将冲胚管抽至子宫体,灌注含3克土霉素的生理盐水100毫升或添加320万单位青霉素和100万单位链霉素的生理盐水100毫升。冲胚后48小时内每头牛肌内注射氯前列烯醇0.6毫克以溶解卵巢上的黄体。

(二)胚胎的级别鉴定技术

胚胎的级别需要有经验的专业技术人员来进行鉴定。一般采集的胚胎经净化处理后,置于新鲜的DPBS液中,在配有不发热底光源的体视显微镜(10～180倍)下进行形态学检查。

1. 胚胎的发育 卵子受精后随着日龄的增加,处于不同的发育阶段,进行胚胎质量评定时必须考虑胚龄。一般以母牛发情日为0天来计算,距发情日的天数为胚龄。胚胎的正常发育阶段必须与胚龄一致。凡是胚胎的形态鉴别认为迟于正常发育阶段的,一般可以判定为由于死亡而终止发育的或者比预期较迟排卵而不能继续发育的,或者发育速度迟缓的。

正常5～8天的牛胚胎发育情况在桑椹胚至扩张囊胚阶段。从胚胎的整体形态来看,正常的胚胎整体结构好,细胞质均匀,细胞团轮廓清晰且规则,而细胞团边缘不整齐、大部分细胞突出、色泽变暗、有水泡和游离分裂球的胚胎为异常胚胎;从透明带上看,正常的胚胎透明带为圆形,未受精卵或退化的胚胎透明带呈椭圆形且无弹性(表9)。

表9 奶牛5～8天的胚胎发育阶段及形态

胚龄(天)	发育阶段	发育形态
5～6	桑椹胚	细胞分裂成32个以上,卵裂球隐约可见,细胞团的体积几乎占满卵周间隙

续表9

胚龄(天)	发育阶段	发育形态
6～6.5	致密桑椹胚	细胞分裂成大约128个,各卵裂球结合成致密团,约占卵周间隙的60%～70%
6.5～7	早期囊胚	细胞团内形成一个充有液体的腔,细胞团占卵周间隙的70%～80%,可见到内细胞团和滋养层分化的差异明显,细胞团充满卵周间隙
7～7.5	囊胚	囊腔增大明显,滋养层细胞分离,细胞团充满卵周间隙,细胞分裂成约250个,外部的滋养层和内细胞团分化明显
7.5～8	扩张囊胚	囊胚腔充分扩张,胚胎的整个直径增加1.2～1.5倍,透明带变薄为原来的1/3

2. 胚胎的检出及鉴定 将收集到的冲胚液静置10～30分钟,待胚胎下沉后,将上层液吸出,剩余的下层液体(约50毫升)倒入直径90毫米平皿中,置于体视显微镜下,将胚胎检出。检查时要求仔细快捷,不要丢失胚胎,在30分钟以内检查完毕,以防时间过长而影响胚胎质量。

将收集到的胚胎,置于高倍镜下观察其形态和发育时期。正常发育的胚胎,卵裂球整齐清晰,大小较一致,分布均匀而紧密,透明带完整,发育速度与胚胎日龄相一致。而没有受精、透明带内卵裂球异常等为不可用胚胎。

目前对胚胎的质量鉴定基本上采用形态学的方法,将胚胎分为A级(优秀胚)、B级(良好胚)、C级(一般胚)、D级(不良胚)4个级别。

A级(优秀胚):形态典型,卵细胞和分裂球的轮廓清晰,呈球形,有的也呈椭圆形,细胞质致密,色泽正常、分布均一。

B级(良好胚):有少许变形,如少许卵裂球突出,有少许小泡和形状不规则,卵细胞和分裂球的轮廓清晰,细胞质较致密,分布均匀,变性细胞和水泡不超过10%～30%。

C级(一般胚):形态明显变异,卵细胞和卵裂球轮廓稍不清晰,细胞质不致密,分布不均匀,色调发暗,变性细胞占30%～50%。

D级(不良胚):很少有正常卵细胞,形态异常或变性,呈显著发育迟缓状态,如未受精卵,退化的、破碎的、透明带空的或快空的卵子,以及与正常胚龄相比,发育迟2天或2天以上的胚胎。这一级胚胎不能进行移植,应废弃掉。

由于冷冻对胚胎有一定的危害作用,往往冷冻胚胎解冻后质量会下降,所以只有A级和B级胚胎才能冷冻保存。

(三)胚胎的洗涤

洗涤胚胎的前期准备工作至关重要,这一步关系到胚胎成活率及移植妊娠率,主要包括以下内容。

1. 所需器材的灭菌 可根据材料的性质不同来选择合适的消毒方法。

(1)干热灭菌 利用烘箱,温度150℃时维持2小时,可进行培养皿、吸管、试管及玻璃瓶灭菌。

(2)高压灭菌 利用高压消毒锅(蒸汽压在1.05兆帕,121℃)维持30分钟以上,主要用于玻璃器皿、培养基、药液、纱布、脱脂棉敷料及工作服等的灭菌,配制完的冲胚液也要用此方法灭菌。

（3）气体灭菌 过滤器等可用环氧乙烷（EO）气体灭菌，但在大多数情况下消毒后有残毒滞留于消毒物品中，必须有适当的充气间隔和排气系统，以避免器材中 EO 气体残留物引起潜在毒性作用。一般 EO 气体的消毒作用在充气1周后消失。

2. 洗涤液配制 所需药品必须为分析纯级试剂且没有变质、潮解及风干；所需蒸馏水是双蒸水或三蒸水；由于一些玻璃容器或塑料容器会析出重金属离子，从而抑制体外胚胎发育，所以不要用这些容器盛装。同时，超纯水有时也会变质，不要长期保存，一般现用现制作。洗涤液配方见表10。

表10 胚胎洗涤液及保存液的成分 （毫克/升）

成 分	布林斯特氏液(BMOC-3)	改进杜氏磷酸盐缓冲液(PBS)	人工合成输卵管液(SOF)	惠屯氏液(Whitten)	Ham's F-10	Tcm-199
NaCl	5546	8000	6300	5140	7400	8000
KCl	356	200	533	356	285	400
$CaCl_2$	189	100	190	—	33	140
$MgCl_2 \cdot 6H_2O$	—	100	100	—	—	—
$MgSO_4 \cdot 7H_2O$	294	—	—	294	153	200
$NaHCO_3$	2106	—	2106	1900	1200	350
Na_2HPO_4	—	1115	—	—	154	48
KH_2PO_4	162	200	162	162	83	60
葡萄糖	1000	1000	270	1000	110	1000

续表 10

成 分	布林斯特氏液(BMOC-3)	改进杜氏磷酸盐缓冲液(PBS)	人工合成输卵管液(SOF)	惠屯氏液(Whitten)	Ham's F-10	Tcm-199
丙酮酸钠	56	36	36	36	110	—
乳酸钠	2253	—	370	2416	—	—
乳酸钙	—	—	—	527	—	—
核 糖	—	—	—	—	—	0.5
去氧核糖	—	—	—	—	—	0.5
氨基酸	—	—	—	—	20种	21种
维生素	—	—	—	—	10种	16种
核 酸	—	—	—	—	2种	8种
微量元素	—	—	—	—	3种	1种
牛血清白蛋白(BSA)	5000	不定	不定	3000	不定	不定
胆固醇	—	—	—	—	—	0.2
乙酸钠	—	—	—	—	—	50
谷胱甘肽	—	—	—	—	—	0.05
磷酸生育酚	—	—	—	—	—	0.01

3. 胚胎的洗涤方法 从奶牛体内回收的冲胚液,可能含有污染的微生物或子宫内感染的病原,所以收集的胚胎需要净化处理,即对胚胎要进行洗涤。洗涤的方法,是在体视显微镜下(20倍),用吸管将检出的胚胎移入预先准备好的盛有DPBS液滴的小皿中,利用吸移法经逐个小液滴清洗(DPBS液滴不能重复使用),1个小液滴中必须放同一头牛的胚胎,

一般胚胎要清洗3次。如果透明带外粘有不易洗掉的黏液,则用胰酶(1:250)溶液处理后再清洗3次。

4. 洗涤时的注意事项 整个过程必须注意无菌操作,每次洗涤要更换新的洗涤液和吸管;必须由专门技术人员来进行,防止胚胎丢失;操作必须迅速,防止胚胎在体外停留时间过长,溶液渗透压变化而使胚胎死亡。

五、胚胎的冷冻保存与解冻技术

(一)胚胎的冷冻保存技术

奶牛胚胎在进行了级别鉴定以后,把不同等级的胚胎分别进行清洗,放入干净的保存液中,可在室温条件(18℃~21℃)下存活24~48小时,但在体外长时间保存将影响胚胎的发育,降低移植后的妊娠率。所以,要尽快进行移植或冷冻保存。目前,奶牛胚胎的冷冻保存技术有以下2种。

1. 常规冷冻法 也叫慢速冷冻法、逐步降温法。是将采集到的可用胚胎放入不同冷冻保护剂(如甘油、乙二醇等)中,通过程序冷冻控制仪使胚胎缓慢降温,以诱导胚胎外液形成冰晶,胚胎内形成玻璃化状态,而使胚胎存活的技术。常规冷冻法的基本程序如下。

(1)冷冻保存液的配制 目前常使用基础液、甘油或乙二醇配制常规冷冻法的冷冻液。

①基础液 即含有0.4%牛血清白蛋白(BSA)的杜氏磷酸盐缓冲液。

②1.5摩/升乙二醇冷冻液 用基础液先配制0.1摩/升

蔗糖液,然后加入乙二醇,使其浓度达到 1.5 摩/升。

③10％甘油冷冻液　在基础液中加入 10％甘油(V/V)即可。

以上 3 种溶液配好后需用 0.22 微米细菌滤器过滤,放于 4℃冰箱中保存备用。

(2)胚胎的平衡　将检出的可用胚在基础液中清洗干净,直接移入冷冻保存液中平衡 5 分钟,然后分 3 段装入 0.25 毫升细管中,液段间用 5 毫米气泡隔开,中间液段含有胚胎,长 9～10 毫米,1,2,3 段液段长度比例为 1∶3∶2,最后进行封口(图 9-2)。为降低甘油抗冻剂对胚胎的影响,可先使胚胎在 3％和 6％的甘油冷冻液中各平衡 5 分钟,最后再移入 10％甘油冷冻液。胚胎在冷冻液中平衡和装管的过程中,应在室温条件(18℃～21℃)下操作,不要在恒温板上进行,以降低抗冻剂的化学毒性。

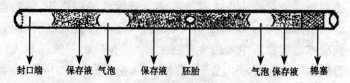

封口端　保存液　气泡　保存液　胚胎　气泡　保存液　棉塞

图 9-2　胚胎 3 段装管法示意

(3)胚胎的冷冻程序　胚胎在冷冻液中平衡结束后,需要立即放入程序冷冻仪中进行冷冻保存,具体程序如下。

①10％甘油冷冻程序　将装有胚胎的细管放入冷冻仪,从室温降至-6℃,平衡 5 分钟;在此温度下,利用蘸满液氮的棉签在有胚胎液段上方的液段进行植冰,当细管中的液体由透明变为浑浊时,结束植冰,再平衡 5 分钟后,开始运行冷冻程序。以 0.5℃/分钟的速度降到-35℃时,平衡 5 分钟,即可投入液氮保存。

②1.5摩/升乙二醇冷冻程序 将装有胚胎的细管放入冷冻仪,从室温降至-6℃,平衡5分钟;在此温度下,利用蘸满液氮的棉签在有胚胎液段上方的液段进行植冰,当细管中的液体由透明变为浑浊时,结束植冰,再平衡5分钟后,开始运行冷冻程序。以0.5℃/分钟的速度降到-35℃时,平衡5分钟,即可投入液氮保存。

利用常规法冷冻的胚胎,解冻后存活率较高,适合在大规模胚胎生产中使用,但操作程序比较复杂,需要专用的冷冻控制仪,冷冻所需时间也较长。

为了简化胚胎解冻后的脱毒程序,可采用一步法冷冻胚胎,即在细管的一端装入较多的脱毒液(基础液中加入12.5%的蔗糖),含胚胎的冷冻液位于细管的开口端,胚胎解冻后将脱毒液与冷冻液混匀,直接装入移植枪移植。一步法冷冻胚胎的解冻过程简单,但由于抗冻剂毒性的影响,移植后的妊娠率较常规法冷冻有所下降。具体冷冻程序为:胚胎经级别鉴定后移入1.5摩/升冷冻液中,分3段装入细管(同常规冷冻法装管),中间段含有胚胎,靠近开口端的液段装入脱毒液(基础液中加入12.5%蔗糖),在室温下平衡10分钟后,直接移入已降至-7℃的程序冷冻仪中,平衡5分钟,植冰,继续平衡5分钟,然后开始运行程序。以0.5℃/分钟的速度降至-35℃,在此温度下平衡10分钟后即可投入液氮保存。

2. 玻璃化冷冻 是近年来发展起来的一种新的胚胎冷冻方法。是将胚胎在适当的冷冻保护剂混合液中作短暂处理后,直接投入液氮。该种方法的冷冻保护剂在急剧降温到很低温度时能被浓缩而不结晶,而且液体的黏性增强,由液态变为透明的固态,形成玻璃化。用这种方法冷冻胚胎,无须冻前分步添加抗冻剂和冻后分步脱除抗冻剂的繁琐步骤,简化了冷冻过程,而且不需要专用的程序冷冻控制仪,是一种简便、快速、有效的冷冻方法。

胚胎冷冻后需要放入液氮罐中长期保存或运输,液氮罐必须每天按时检查,发现液氮损耗显著加快时,要立即更换。在转移或解冻胚胎时,盛放细管的杯中应充满液氮,取细管时,杯的上部要低于液氮罐口3~5厘米。转移胚胎时细管不得长时间暴露在空气中,最长停留时间不得超过2秒钟。

(二)胚胎的解冻技术

胚胎的解冻操作直接影响胚胎解冻后的存活率及移植后的妊娠率,因此在操作时要严格控制室内温度、解冻液的浓度及胚胎的脱毒时间。

1. 胚胎解冻液的配制 1.5摩/升乙二醇冷冻液冷冻的胚胎可直接推到基础液(即胚胎保存液)中经洗涤后直接移植。10%甘油冷冻液冷冻的胚胎需推入配好的6%及3%甘油液中分别平衡后再推至基础液中经洗涤后移植,具体配制方法如下。

(1)1摩/升蔗糖液 在基础液中加入蔗糖配制成1摩/升浓度,过滤灭菌后备用。

(2)6%甘油解冻液 在1摩/升蔗糖液中加入6%(V/V)甘油,过滤灭菌。

(3)3%甘油解冻液 用1摩/升的蔗糖液将6%甘油解冻液稀释1倍。

2. 胚胎的解冻方法 胚胎的解冻方法与冷冻方法直接相关,以下介绍几种常用的解冻方法。

(1)10%甘油冷冻胚胎的解冻方法 胚胎细管从液氮中

取出,空气浴2～3秒钟,而后将细管封口端朝下放入32℃水浴10秒钟。从水中取出细管后用洁净的纸巾擦干,再用半干的75%酒精棉球将细管封口端擦拭消毒,然后用消毒好的剪刀剪开细管封口端和一半的棉塞(以方便推棉塞)。取1个直径35毫米的塑料平皿,在显微镜下对好焦距,用推杆抵住细管所剩的一半棉塞,缓缓将胚胎推出(在显微镜下看着胚胎推入,如果胚胎数量不足,应将棉塞推入底部继续涮洗),然后在6%及3%甘油冷冻液中分别平衡5分钟,结束后将胚胎放入保存液中洗涤5～6次,移入干净的保存液中镜检,合格后分3段装入细管(同冷冻时的装管方法),在30～45分钟内移入受体牛体内。

(2) 1.5摩/升乙二醇冷冻胚胎的解冻方法　胚胎细管从液氮中取出,空气浴2～3秒钟,而后将细管封口端朝下放入32℃水浴10秒钟。从水中取出细管后用洁净的纸巾擦干,再用半干的75%酒精棉球将细管封口端擦拭消毒,然后用消毒好的剪刀剪开细管封口端和一半的棉塞(以方便推棉塞)。取一个直径35毫米的塑料平皿,在显微镜下对好焦距,用推杆抵住细管所剩的一半棉塞,缓缓将胚胎推出(在显微镜下看着胚胎推入,如果胚胎数量不足,应将棉塞推入底部继续涮洗),然后直接移入保存液中洗涤5～6次,再移至干净的保存液中镜检,合格后分3段装入细管(同冷冻时的装管方法),在30～45分钟内移入受体牛体内。

(3) 一步法冷冻胚胎的解冻方法　胚胎细管从液氮中取出,在室温(18℃～21℃)下空气浴6～8秒钟,而后将细管封口端朝下放入32℃水浴10秒钟,从水中取出细管后用洁净的纸巾擦干,再用半干的75%酒精棉球将细管封口端擦拭消毒。手持细管,将封口端朝上,轻轻弹动细管将脱毒液与装有胚胎的冷冻液混匀,然后用消毒好的剪刀剪开细管封口端,直接装入移植枪,在5~8分钟内移入受体牛体内。此方法解冻后胚胎如长时间在体外停留,抗冻剂的毒性会损伤胚胎,影响妊娠率。

(4)玻璃化法冷冻胚胎的解冻方法 解冻方法与所用玻璃化冷冻液直接相关,由于玻璃化冷冻液中的抗冻剂浓度很高,胚胎解冻后需脱除抗冻剂,通常先要在0.5摩/升蔗糖液中平衡5分钟,然后再移入胚胎保存液,经洗涤后进行胚胎质量鉴定,装入细管和移植枪,即可进行移植。

六、受体牛的选择及胚胎移植技术操作步骤

(一)受体牛的选择

受体牛的选择是胚胎移植过程中的一个重要环节,与胚胎移植妊娠率密切相关。必须选择健康、膘情好、有正常生育功能即性周期正常和有生育能力,经一般检查无疾患的牛。具体有以下几方面的要求。

1. 受体牛的初步选择 在对受体牛进行严格选择前,应对受体牛有一个初步的选择,以减少人力、物力的浪费,同时也能及早发现问题、解决问题。

(1)发情周期正常 正常母牛的发情周期一般为21天,除了妊娠时和产后一段时期内以外,发情周期总是周而复始,一直到衰老停止性功能活动为止。若母牛发情周期不正常,极有可能是由于患有生殖疾病或是饲养管理较差造成的,如

做受体将很难保证同期化效果及胚胎在子宫内的存活。

(2)无生殖疾病 受体牛子宫内被细菌感染是导致受胎率低的重要原因,而且子宫在黄体期的抗感染能力要比发情期差。因此,选择无子宫疾病的受体牛是为胚胎生存创造一个无菌生理环境的必要保证。

(3)营养及体况 营养对母牛一生的繁殖性能具有缓慢的、长期的作用。而体况(膘情)是母牛体内的营养状况和饲养管理的一种反映。因此,选择具有良好体况的受体牛是母牛发情、排卵、胚胎的附植及妊娠的基础。一般要求受体牛在移植前6~8周开始补饲,保持日增重0.3~0.4千克,并注射维生素A、维生素B、维生素D、维生素E针剂,补充微量元素,如硒、锌等,保持饲养管理环境相对稳定,避免应激反应。移植后也应注意加强饲养管理。

(4)其他方面 受体牛一般要求7岁以下的土、杂种牛或低产奶牛,以保证较高的移植妊娠率。另外,尚需选择性情温驯的、无传染病及影响牛体况的其他疾病、产犊性能好以及产后2个月以上、有2个正常发情周期、无流产史等的母牛。

2. 对受体牛发情的选择 经初步选择的受体牛要根据发情状况做进一步的选择。无论是自然发情还是药物催情,发情表现正常(站立接受他牛爬跨)的同时也要进行直肠检查排卵情况。如发现母牛发情后48小时以内卵泡排卵的称为正常排卵,否则即确定此卵泡是排卵迟缓或者将会退化。胚胎移植时间应为受体牛发情期的第六天至第八天,最好为第七天。因为对于早期囊胚来说,实践证明,发情期的第七天移植妊娠率明显高于第六天和第八天的妊娠率。

3. 对受体牛发情第七天黄体的选择 黄体主要分泌孕激素,它一方面抑制卵泡的成熟发育,另一方面使子宫内膜为胚胎的附植发生必要的变化，也是整个妊娠阶段孕激素的主要来源。对于单胎动物，1个发情周期只产生1个黄体。因此，胚胎移植时受体牛第七天黄体的发育状况直接影响移植妊娠率。根据笔者在生产实践中的经验，认为黄体一般分为3个等级：一级黄体（优良黄体），黄体丰满，直径在10～15毫米，触摸黄体明显突出卵巢表面，状似去皮的熟鸡蛋，柔软有弹性；二级黄体（发育不良黄体），黄体发育较好，突出卵巢明显，10毫米以下，弹性小；三级黄体（萎缩黄体），黄体小，不成形，无弹性，突出不明显。发情第七天奶牛卵巢上的黄体如根部在10毫米以上并与卵巢界限分明，突出部分不是太硬，没有大的卵泡存在时有较好的妊娠率。

（二）胚胎移植操作步骤

第一，严格挑选受体牛。

第二，受体牛在发情后6～8天均可进行移植（发情之日定为0天），移植前进行直肠检查，根据合格受体数量和发情时间，确定需要的胚胎数量和胚胎发育阶段。

第三，保定受体牛，注射2%利多卡因（2%普鲁卡因）注射液，实行1～2尾椎间硬膜外鞘麻醉，擦拭并消毒外阴部。

第四，选择合适阶段及级别的胚胎装入细管，并把细管装入移植枪。

第五，把装有细管的移植枪套上硬外套，用塑料环卡紧，再套上软外套。

第六，采用直肠把握法，一只手将移植枪插入受体牛阴道，至子宫颈外口，另一只手伸入直肠内隔着肠壁找到子宫颈，顶开移植枪外套，导引移植枪进入子宫颈。缓慢地将移植枪送至有黄体一侧子宫角大弯深处,慢慢推入胚胎,然后缓缓地抽出移植枪(图 9-3)。

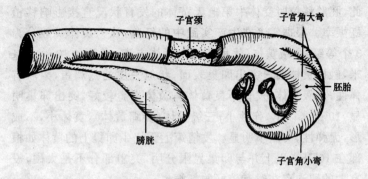

图 9-3　非手术法移植胚胎的位置

第七,做好受体牛移植记录。

第十章 奶牛的选种选配技术

一、奶牛选种的概述

动物物种是自然的选择,品种则是由人工从物种中选择出来的。奶牛育种就是从遗传上改进奶牛品质,增加良种数量,提高牛奶的产量与质量,创造新的高产品种、品系以及利用杂种优势等,为奶牛业的发展服务。育种工作是奶牛业中非常重要的基本建设工作,对促进奶牛业的发展具有重要意义。

相对来说,奶牛的改良目标要求比较单一,但它特殊的生物学特性给育种工作带来一定的困难。

第一,奶牛是单胎动物,这一特性在育种时可供选择的范围相对较小。

第二,奶牛的世代间隔长,改良速度相对较慢。

第三,由于只有雌性一方产奶,所以给公牛选择造成困难。

第四,成年之前没有产奶表现,产犊是产奶的前提,这样就使选种工作受到时间和经济上的约束。

第五,在常规繁殖技术条件下,奶牛一生的后代数较少,通常在产 3~5 胎后即被淘汰。

以上问题说明奶牛育种工作是一项长期而艰巨的任务,必须以科学的方法来解决奶牛育种工作中存在的问题,达到改良的目的。

奶牛在人工条件下的选育和改良过程是变异→人工选择→控制交配制度→产生良种→遗传→变异,不断选育,不断提高。

二、奶牛选种的名词术语

(一)线性外貌评定制

是奶牛外貌鉴定的一种制度。测定1头奶牛的各种生物性状(如尻部的水平程度和乳房附着的宽度),按1~50分计。这个方法评定15个主要外貌性状和14个次要性状,综合和分析这些资料,可对公牛做出正确和详细的遗传预测,有利于公牛和母牛的矫正选配。

(二)遗 传 学

遗传学是研究生物遗传和变异的学科。它的研究范围包括遗传物质的本质、遗传物质的传递和遗传信息的实现等3个方面。

1. 遗传物质的本质 包括它的化学本质、所包含的遗传信息及其结构、组织和变化等。

2. 遗传物质的传递 包括遗传物质的复制、染色体的行为、遗传规律和基因在群体中的数量变迁等。

3. 遗传信息的实现 包括基因的原初功能、基因的相互作用、基因作用的调控以及个体发育中基因的作用机制等。

(三)遗 传

是指生物有血统关系的上、下代之间和个体之间的相似性。它是生物共有的重要特性之一,通过遗传可保证生物物种的相对稳定性,即保证所产生的后代在性状和品质上类似于其父母。

(四)变 异

是指生物有血统关系的上、下代之间和个体之间的差异性,它是生物共有的重要特性之一。

1. 遗传的变异 又称基因型变异,指遗传物质发生变化而引起的表型变异。这类变异一经出现就能逐代地遗传下去。

2. 不遗传的变异 也称饰变或波变,是指环境条件发生变化而引起的表型变异。这类变异由于没有引起遗传物质的相应改变,所以新的变异只能当代表现,而不能遗传给后代。

关于变异的原因一是基因型的变异,即遗传的原因;二是环境条件的变异,即环境的原因。基因型和环境条件任何一方的变化,都可引起表型的变化(或变异)。变异是生物进化的出发点,通过变异可使生物不断得到发展和进化。

(五)配 子

是指生物进行有性繁殖时由生殖细胞所产生的成熟性细胞。如精子和卵子。

(六)合 子

是指由 2 个配子(1 个精子和 1 个卵子)所结合的受精卵。

(七)纯 合 子

是指带有相同基因的精子和卵子所结合的受精卵。

(八)杂 合 子

是指带有不同基因的精子和卵子所结合的受精卵。

(九)基 因 型

是指一个个体的遗传结构或基因组成。

(十)表 现 型

简称表型,是指一个个体在外表上所表现的性状。

(十一)纯 种

是指遗传上相对稳定、同质、来源清楚的同一品种内公、母牛相互交配(即纯种繁殖)所产生的后代。

(十二)基因频率

是指在一个群体中某一基因对其等位基因的相对比率。不同群体的同一基因往往频率不同,所以它是群体遗传结构的基本标志。

(十三)随机交配

是指在一个有性繁殖的生物群体中,任何一对雌、雄个体不受任何选配的影响而随机结合,任何一个雌性或雄性的个体与任何一个异性个体的交配概率相同。

随机交配不等于自然交配。自然交配是将公、母牛混放在一处任其自由交配,这种交配方式实际上是有选配在其中起作用的,如粗野强壮的雄性个体,其交配的概率就高于其他雄性个体。

在生产中,完全不加任何选配而随机交配是不多见的。但就某一性状而言,随机交配的情况还是不少的。

随机交配的遗传效应是能使群体保持平衡。任何一个大群体,不论基因型频率如何,只要经过随机交配,基因型频率就或快或慢地达到平衡状态。如没有其他因素影响,以后一代一代随机交配下去,这种平衡状态永远保持不变。但在小群体中可能因发生随机漂变而丧失平衡,甚至丢失某些基因。在群体中频率高的基因一般不易丢失,频率低的基因则较易丢失。随机交配使基因型频率保持平衡,从而能使数量性状的群体均值保持一定水平。随机交配的实际用途在于保种或在综合选择时保持群体平衡。

(十四)质量性状

是指各种变异在表型上可以明显区分为不同类型的性状。

1. 质量性状的特点　性状一般加以描述,而不是度量;由少数几对作用明显的基因所控制,这类基因称为主基因或宏效基因。其遗传关系较简单,一般服从三大遗传定律;变异在群体内的分布不是连续的,而是间隔的;比较稳定,不易受环境影响;其遗传规律一般在家庭水平上加以研究。

质量性状往往不是主要经济性状,但在育种工作中也有其重要的意义。遗传缺陷如畸形、遗传病等的清除,品种特征如毛色、角形的均一,以及遗传标记如血型、酶型、蛋白质类型的利用,都涉及到质量性状的选择改良。

2. 质量性状的改良　首先要掌握其主要的遗传规律:性状是由几对基因控制的;基因间的互作与连锁关系;理想类型属显性、隐性还是共显性。改良的方法包括创造变异和选择两大方面。变异是选择的原料。创造变异主要靠杂交或互补选配来产生性状间的新组合,或用理化诱变和基因工程的方法来改变基因本身。

单基因性状的选择比较简单,基本方法就是选留理想类型,淘汰非理想类型。隐性性状由于能表现出来的个体都是纯合子,因此只要选留表型理想的就能达到很好的选择效果。如果全部选留隐性性状的个体,只需一代就能把显性性状从群体中基本清除,下一代不再分离出非理想的类型。但显性性状由于纯合子与杂合子在表型上不能区分,因此必须借助系谱分析或测交试验才能选留纯合子而达到良好的选择效果。只进行表型选择是很难从群体中完全清除非理想的隐性类型,因为选留的显性类型中包含部分杂合子,而杂合子中有隐性基因,在以后各代中必然还将分离出来而有所表现。

侧交就是用以判断种畜个体的某个质量性状的基因型是显性纯合还是杂合的测验性交配。其方法是令被测种畜与纯合异性或已知的杂合异性、或可以确定显性纯合和杂合体比例的混杂异性群体交配。根据其一定头数的后代中不出现隐性个体来判断种畜为显性纯合子的概率。侧交一般只在完全显性时使用,不完全显性或共显性时杂合子与显性纯合子在表型上可以区分,因而不必进行侧交试验,直接进行表型选择就能淘汰隐性类型和杂合子。

(十五)数量性状

是指个体间变异在表型上不能明显划分为不同类型的性状。如奶牛的产奶量、乳脂率等。

1. 数量性状的特点 要通过度量用数值表示,呈连续变异,在大群体中一般呈正态分布;由许多微效基因决定,遗传关系较复杂;表型易受环境影响;在特定环境中,群体的平均表型值接近于平均基因型值或平均育种值;群体平均表型值的差异,可视为它们的遗传差异,因为随机环境偏差一般相互抵消;子一代一般表现为中间类型,其平均表型值接近双亲均值,子二代的平均表型值接近于子一代的平均值,但子二代的变异范围较大;当某一数量性状存在杂种优势时,子一代超过双亲均值;当某一数量性状存在越亲遗传时,子一代表现为中间类型,而在以后世代中出现超过(大于或小于)双亲总的变异范围的个体。越亲遗传是基因重组的结果,这种结果可通过选育工作保持下来，它是通过杂交培育新品种的有利条件；杂种优势主要由基因的非加性效应造成，随着基因的纯化，杂种优势也就逐渐消退，因此很难通过选育工作保持下来，它是经济杂交所主要利用的条件。

2. 数量性状的改良　改变群体的基因频率是改进数量性状的主要手段。在改良时必须依据数量性状本身的遗传规律，运用数量遗传学原理，采用电子计算机技术和现代生物技术，按照性状育种值的大小进行科学的选种选配，不断提高优良基因的频率。为了加快被选性状的遗传进展速度，还需缩短世代间隔，注意近交和环境等方面的影响。

（十六）遗传进展

也称遗传改进或遗传进度，是指经过选择（包括对多性状的综合选择和单个性状的选择）后，子代性状均值超过亲代均值的部分。在对单个性状选择时，其遗传进展就是选择反应。

（十七）世代间隔

是指从上一代个体的某一发育阶段到下一代个体的同一发育阶段所需的平均时间。实践中通常以留种个体出生时其父母的平均年龄来表示世代间隔。

（十八）杂　种

是指遗传上不同质的品种间公、母牛进行杂交所产生的后代。杂交所产生的个体叫杂交子一代（F_1），用某一亲本再与杂交一代（或杂种一代）杂交所产生的个体叫杂交二代（F_2），其余类推。在表示什么来源的杂种时，父名写在前，母名写在后。不同种以上间的公、母畜进行远缘杂交所产生的后代，叫远缘杂种。

三、奶牛育种的基础工作

第一，做好育种记录，及时统计分析。

第二，按下列公式，做好体尺、体重的测量与计算。

奶牛体重（千克）＝胸围^2（米）×体长（米）×90

第三，生长发育的计算与分析。绝对生长指一定时间内的增长量，用以说明某个时期奶牛生长发育的绝对速度；相对生长指以增重占始重的百分率表示，表示生长发育的强度。

第四，产乳性能的测定与计算。奶牛的产乳量一般以305天作为1个泌乳期计算。

第五，乳脂率的测定与计算。乳脂率即乳中所含脂肪的百分率。

第六，乳脂量的计算。乳脂量即乳中所含脂肪的数量。

第七，4％标准乳的计算。

4％标准乳＝(0.4＋0.15F)M

M为乳脂率为F的产乳量，F为该乳乳脂率的绝对数。

第八，黑白花奶牛产乳量的校正。奶牛的产乳量一般以305天作为1个泌乳期计算。如果产乳超过或不足305天，应予以校正。产乳量可以逐日逐次测定记录，也可每月测定1次，然后将10次测定的总和乘以30.5，作为305天的产奶记录。

第九，饲料转化率的计算。饲料转化率是总增重占总消耗饲料的百分率。

第十，排乳速度的测定。排乳速度一般以每次挤乳所需时间表示。

四、奶牛选种选配的技术要点

（一）育种目标与经济评估

奶牛的育种目标是从遗传上提高、改良其产乳量、乳质与乳成分（主要包括乳脂率、乳蛋白率、无脂固体物）、乳用特性、产乳年限、繁殖力、成活率、饲料转化率等。

育种目标的经济评估是指对要改进的性状进行经济分析，经济价值高的性状在选种时要优先考虑，并在制定选择指数时给以较大的经济加权值。由于经济价值受市场价格波动的影响，所以育种目标的经济评估要经常调整。在对性状进行经济评估时可以把性状分为基础性状和次级性状。基础性状是指那些可以直接用经济价值来度量的性状，次级性状是指那些本身很难用经济价值表示，但可以通过对基础性状的影响而产生间接经济效益的性状。

（二）选　种

选种就是选择种畜，是指运用各种科学方法，选出较好的符合要求的奶牛个体留作种用，增加其繁殖量，以尽快改进牛群品质。选种的理论主要是群体遗传学和数量遗传学中的选择理论。

奶牛育种的效果受许多因素影响。为了使选种工作卓有成效,应当了解这些因素并在实践中加以注意。

1. 选种目标的稳定性 选种应当事先有明确的目标。具体指标要定得既先进又可靠,也不脱离实际。目标定了以后,就要坚持实施,保持相对的稳定。

2. 选种依据的准确性 选种是以个体或其亲属的表型值为基本依据,来判断基因型的优劣。因此,选种效果在很大程度上取决于奶牛档案资料是否完整,各种表型值的度量、记录是否真实可靠,有无人为制造的虚假数据,同时要看采用什么选种方法,按什么资料选种。如果选用的资料不准确,那就必然造成统计分析上的误差,使选种建立在错误依据的基础上。

3. 性状的遗传力与遗传相关 所选性状遗传力的高低直接影响选种效果,它是决定一个世代遗传改进大小的重要因素。性状间的遗传相关对选种效果影响更大。过去重点选产乳量的高低,不太注意乳脂率的高低。由于产乳量与乳脂率间呈负遗传相关,结果造成产乳量上去了,而乳脂率却下降了。

4. 选择差与选择强度 如果留种比率小,变异程度大,这时选择差和选择强度越大,选种的效果就越好。

5. 世代间隔 奶牛的世代间隔一般为 5 年或 5.5 年。它的世代间隔相对讲比较长,从而影响了改良速度和育种进程。因此,要采取措施缩短世代间隔。

6. 选择性状的数目 选择的性状应抓重点,不宜过多,因为如选择单一性状的反应为 1,则同时选择 N 个性状。

7. 环境 任何数量性状的表型值都是遗传和环境 2 种因素共同作用的结果。环境条件发生变化,表型值相应地发生不同程度的改变。因此,奶牛场应按育种工作要求,加强饲养管理,使高产基因能得到充分表现。

第十一章 奶牛场有效繁殖管理技术

一、我国奶牛业发展现状及搞好繁殖管理的意义

我国著名的营养学家于若木说:"牛奶是集智慧、营养、力量、健康于一体,最接近完美的营养食品。"每500克牛奶中含蛋白质15.5克,脂肪16克,乳糖22.5克,钙600毫克,可提供人体每天全部蛋白质的25%或动物性蛋白质需要量的45%～50%,热能的30%,钙的50%。1千克牛奶可满足成人每天对氨基酸的需要量,含有钙850～1 300毫克,且易为人体吸收,是人体最可靠的钙源食品。世界各国都非常重视牛奶的生产,日本"二战"后开展"一杯奶强壮一个民族"的学童奶计划;20世纪50年代美国曾发起"三杯奶运动";20世纪70年代印度进行了"白色革命洪流行动"。这些措施均收到了明显的效果。我国以前由于经济落后,奶牛业起步又晚,所以奶牛业一直发展缓慢。近年来,国家在畜牧业调整战略中,将发展奶业作为畜牧业结构调整的方向,"十五"期间农业部制定了奶业优势区域发展规划,重点对我国奶业发展的优势区域给予资金支持。科技部为解决制约我国奶业发展中的重大技术问题,实施了国家奶业重大科技专项课题。这使我国奶牛业进入了快速发展时期,成为充满希望、极具发展潜力的朝阳产业。但同时我国奶牛业还存在良种奶牛数量少、单产水平低、利用年限短、经济效益差等问题。为实现我国奶牛业

协调、健康、可持续发展,除了解决优质饲料缺乏等问题外,还必须依靠有效的繁殖管理技术,解决奶牛品种改良问题。

只有重视奶牛繁殖效率,才能保证衡定的奶牛业规模。一个奶牛场的繁殖效率与繁殖状况密切相关,保持良好的繁殖效率对奶牛场赢利,不仅有短期效益,而且有长远意义,具体表现为:有效的繁殖效率可以提高整个奶牛场牛奶的产量,增加每头母牛的产犊头数,可以避免饲养不能产奶及产奶量低的劣质母牛,避免在产犊时发生问题,从而引起生产损失,及时淘汰有生殖障碍的母牛,最大限度地减少生产费用,还可以加速牛群遗传改良的速度。

二、奶牛场有效繁殖管理的措施

(一)科学的营养

1. 营养和繁殖之间的关系 奶牛的正常繁殖离不开水、能量、蛋白质、无机盐和维生素,这些营养物质缺乏会影响奶牛的繁殖力,如妊娠、分娩等。

(1)能量平衡和繁殖之间的关系 奶牛繁殖力低的最常见原因之一,是能量供给不能满足其需求,或是能量处于负平衡状态。能量负平衡期间配种比能量正平衡期间配种受胎率低。泌乳早期,大多数奶牛由于不能摄入足够的能量以满足牛奶生产,因而能量总是处于负平衡状态。因此,这一时期奶牛积极动员体内贮备脂肪,导致体重下降。根据泌乳早期的牛奶产量水平,泌乳期间能量负平衡状态可能持续 2~10 周。而在泌乳中、晚期,奶牛摄入的能量比产奶所需的能量多,处于能量正平衡状态。因此,在泌乳早期损失的体内贮备在这一时期又重新补回。即使产奶量相似的母牛,泌乳早期能量负平衡的程度也有很大差别。研究表明,能量负平衡越大,产犊后母牛出现第一次发情排卵的时间间隔也越长,而且安静发情的概率也越大。

(2)蛋白质与繁殖之间的关系　泌乳早期日粮中蛋白质含量不足会使产奶量和繁殖率下降,但日粮蛋白质含量过高又是一种浪费。尿素饲喂量在推荐量以内对奶牛繁殖力影响不大,但超过推荐量可引起奶牛流产和产后胎盘滞留。

(3)无机盐、维生素与繁殖之间的关系　日粮中无机盐和维生素的含量和比例对奶牛繁殖有很大影响。长期不平衡会导致繁殖力下降。即使不平衡得到改善之后,繁殖力完全恢复也需要较长的时间。几乎所有的维生素和常量、微量元素(除铁外)对繁殖功能都有直接和间接的影响。许多研究表明,钙、磷、铜、锌、镁、钴、硒、碘、维生素 A、维生素 D、维生素 E 缺乏以及钙、磷和钼过量可使奶牛繁殖力下降。奶牛饲养人员应当保证奶牛群中所有奶牛无论在什么时期,日粮中都应补充适当的维生素和无机盐添加剂。

①钙和磷　日粮中缺乏磷可大大延迟小母牛的性成熟期,并降低奶牛的繁殖力。很多研究人员在研究钙对繁殖力的影响时,主要检测钙、磷比例而不是单纯考虑钙的含量。日粮中合理的钙、磷比例范围是 1.5～2.5∶1。在配制日粮时,应保证钙、磷的总量充足,缺乏或过量均可显著改变钙、磷比例并会导致产后瘫痪,这对牛奶生产和奶牛繁殖都有很大的影响。

②硒　除钙和磷外,硒是对繁殖力影响很大的另一种微量元素。种植在缺硒土壤里的粗饲料可能含硒量不足。在某

些缺硒地区注射硒制剂并配合注射维生素E,可以有效地减少胎盘滞留和子宫炎的发生率。硒缺乏还会使胚胎的死亡率增高。

③碘 缺碘可引起甲状腺功能异常,进而导致受胎率和卵巢功能下降。此外,碘缺乏还可引起流产、死胎、早产及分娩延期。

④维生素A 维生素A对奶牛繁殖功能非常重要,研究已经证明维生素A的前体β-胡萝卜素对保持高繁殖力有重要作用,身体许多组织都需要维生素A抵抗细菌感染。缺乏维生素A可引起流产、胎盘滞留、死胎、早产、新生犊牛盲视以及受胎率低等。

2. 小母牛的营养需要 小母牛的标准饲养应该是让小母牛能够稳定地生长。大体型品种的小母牛每天可增重1千克,中等体型和小体型品种的小母牛每天增重分别为650克和500克。

4~9月龄的小母牛若增重过快,可能会在乳腺积累大量脂肪从而使乳腺细胞数量减少,结果可能影响以后的牛奶生产潜力。

小母牛的体重应当达到其成年体重的60%(14~15月龄)才能进行第一次配种。因此,假如成年母牛的平均体重为600千克,青年母牛在体重达到360千克时才能第一次配种。这样,青年母牛在产犊时(大约24月龄)的体重可达到其成年体重的80%~90%。

断奶后小母牛的日粮配方应由适口的精饲料和优质的粗饲料组成。3~6月龄小母牛的日粮蛋白质含量约为16%,6~15月龄的小母牛每天可以饲喂1~1.5千克中等或低质粗饲料,19~22月龄的妊娠青年母牛的日粮蛋白质含量应为

12%。妊娠4~6个月的青年母牛日粮主要由中等质量的粗饲料构成。高能量饲料(如玉米)应限量饲喂,并且应补充足够的蛋白质。低质粗饲料(如稻草)要与含高能量的精饲料、蛋白质补充料以及无机盐配合饲喂。生长期青年母牛的日粮配方中钙含量应达0.4%,磷含量应达0.26%。青年母牛受胎率低和无发情表现的原因常与日粮缺磷有关。

3. 成年母牛的营养需要 对成年母牛的饲喂,应根据其在不同时期对营养不同的需要,制订不同的饲喂方案。

(1)泌乳早期奶牛的饲喂 一般来说,母牛产犊当天采食量会明显减少。但母牛产后需要大量产奶,因此对营养的要求又会突然升高,产犊后母牛会食量大增。产犊后1个月母牛的采食量是刚产犊时的1.5~2倍。泌乳早期若母牛食欲好是最理想的,那样母牛可以从日粮中获得足够的营养而不会过于依赖体内的贮备。泌乳早期奶牛日粮中的能量、蛋白质、粗纤维和其他营养物质全都要达到平衡。此外,日粮应该以优质粗饲料构成,以促进奶牛食欲。

(2)泌乳晚期和干乳期奶牛的饲喂 泌乳晚期和干乳期奶牛如果饲喂过量的能量饲料会导致肥胖症,引发难产、胎盘滞留、尿道感染和卵巢囊肿等疾病。如果饲喂时能量摄入不足,奶牛则会过量过快地动用皮下和体内脂肪,导致脂肪在肝脏中的沉积。为避免干乳期奶牛过瘦或过胖,可调整泌乳晚期奶牛的饲喂方式和营养组成,以不改变奶牛已有的体内贮备状况为目的,只要保持泌乳晚期奶牛已经具有的理想膘情即可。

(二)繁殖记录符号的使用

在畜牧业生产中,家畜繁殖档案资料的记载是一项十分重要的工作,特别是在繁殖生产实践中逐日发情记录和生殖疾病的防治记录,都离不开一些形象、简捷、易懂的记录符号。但是,我国各地繁殖改良站所使用的繁殖记录符号存在一些差异,现将山西农业大学家畜改良站多年来在奶牛繁殖改良中试创和应用过的一些记录符号作一介绍(表11)。

表11 家畜繁殖记录符号

序号	符号	说明	序号	符号	说明
1		卵巢	10		不排卵
2		卵巢炎	11		排卵延迟
3		卵巢硬化	12		初黄体(红体)
4		卵巢发育不全	13		黄体统称符号
5		卵巢静止	14		优良黄体(Ⅰ级黄体)
6		卵巢囊肿	15		发育不良黄体(Ⅱ级黄体)
7		卵泡囊肿	16		萎缩黄体(白体)(Ⅲ级黄体)
8		黄体囊肿	17		妊娠黄体
9		排卵	18		永久黄体

续表 11

序号	符号	说明	序号	符号	说明
19	○	卵泡	34	=	正常子宫
20	○	卵泡发育迟缓	35	=+	子宫内膜炎
21	◎	无胎无发情	36	≈+	化脓性子宫内膜炎
22	Ⓨ	假妊娠	37	=/	子宫萎缩
23	Ⓨ	子宫发育不全	38	≈	子宫蓄脓
24	♈	产后子宫复旧不良	39	===	子宫积水
25	♀	母畜	40	≋	子宫松弛
26	♂	公畜	41	～～	输卵管
27	⋇	子宫颈口开张	42	⤫	输卵管不通
28	⌀	卵泡萎缩	43	‖+	阴道炎
29	⊚	卵泡黄素化（排卵不明显）	44	⊗	人工授精
30	⌇	多卵泡（牛称多囊卵巢综合）	45	✕	本交配种
31	⇜	卵泡异侧发育	46	⊘	妊娠
32	⇌	卵泡交替发育	47	⋇	子宫颈口不开张
33	⌇○	陷板式发情（亚发情）	48	⚥	异性孪生母犊

续表 11

序号	符号	说明	序号	符号	说明
49		自由马丁母犊	52		胚胎鉴定母
50		机转黄体(极早期妊娠黄体)	53		胚胎鉴定公
51		受精合子(胚胎)			

(三)奶牛场繁殖管理记录的填写

详细的繁殖管理记录不仅能够帮助管理人员总结过去的工作情况,而且对于分析未来的繁殖事件也是十分有用的。预测未来繁殖事件对正确饲养管理奶牛、最大限度地减少生殖疾病以及提高饲料报酬都是十分重要的。另外,所有过去的繁殖记录均可用来计算未来的繁殖参数,对繁殖参数的分析可帮助牧场管理人员发现和确定牛群的繁殖问题,从而制订切实可行的目标并监测繁殖效率的改进情况。由于繁殖管理牵涉许多方面,非常复杂并互相影响,所以了解、保持和使用繁殖管理记录极为重要。

1. 标号、出生日期、系谱和淘汰原因　见表 12。

表 12 奶牛情况登记表

标号:_____ 出生日期:_____ 系谱:_____ 淘汰:_____ 卡号:_____

名字/号码:_____ 注册号:_____

购买日期:_____ 购入地点:_____ 买价:_____
何时离开牛群:_____ 售出地点:_____ 售价:_____
原因:_____

父系 名字/号码:_____
　　 卡号:_____
{
  父系 名字:_____
        注册号:_____
  母系 名字:_____
        注册号:_____
}

母系 名字/号码:_____
　　 卡号:_____
{
  父系 名字:_____
        注册号:_____
  母系 名字:_____
        注册号:_____
}

2. 犊牛生长期的健康状况 见表 13。

表 13 犊牛生长期健康状况登记表

犊牛号:_____ 性别:_____

出生日期:_____ 初生重(千克):_____ 断奶重(千克):_____

日 期	疾病/免疫预防接种	治疗措施

3. 发情、配种和分娩情况　见表14。

表14　母牛发情配种逐日登记表

牛号	日期	发情表现	直检情况	配否及处理	与配公畜	妊娠情况	预产期	实产期	分娩情况	备注
01136 (例)	02.5.20	明显	右₃	⊗	HS 12510 ※					
	02.5.21		∀×	LHR-A₃ 1支 ⊗	HS 12510 ※					
	02.5.22		∀			02.7.20 ⊘	03.2.28	03.2.28	正常	♀ 03016

(四)记录档案的统计分析

1. 受配率统计　指在本年度内参加配种的母牛数占牛群内适繁母牛数的百分率,主要反映牛群内适繁母牛的发情和配种情况。

$$受配率 = \frac{配种母牛数}{适繁母牛数} \times 100\%$$

2. 受胎率统计　指在本年度内配种后妊娠母牛数占参加配种母牛数的百分率。

(1)总受胎率　指本年度末受胎母牛数占本年度内参加配种母牛数的百分率,反映牛群中母牛的受胎情况,可衡量年度计划的完成情况。

$$总受胎率 = \frac{受胎母牛数}{配种母牛数} \times 100\%$$

(2)情期受胎率　指在一定期限内,受胎母牛数占本期内参加配种母牛的总发情周期数的百分率,反映母牛发情周期的配种质量。

$$情期受胎率 = \frac{受胎母牛数}{配种情期数} \times 100\%$$

(3) 第一情期受胎率　指第一个情期配种后,此期间妊娠母牛数占配种母牛数的百分率,反映牛群的管理水平和产后母牛的护理情况。

$$第一情期受胎率 = \frac{受胎母牛数}{第一情期配种母牛数} \times 100\%$$

(4) 不返情率　指在一定期限内,经配种后未再出现发情的母牛数占本期内参加配种母牛数的百分率,可估测母牛受胎情况,时间越长,越接近于实际受胎率。

$$X 天不返情率 = \frac{配种后 X 天未返情母牛数}{配种母牛数} \times 100\%$$

3. 母牛分娩率统计　指本年度内分娩母牛数占妊娠母牛数的百分率,反映母牛维持妊娠的质量。

$$母牛分娩率 = \frac{分娩母牛数}{妊娠母牛数} \times 100\%$$

4. 母牛产犊率统计　指分娩母牛的产犊数占分娩母牛数的百分率。

$$母牛产犊率 = \frac{产出牛犊数}{分娩母牛数} \times 100\%$$

5. 产犊成活率统计　指在本年度内,断奶成活的牛犊数占本年度产出牛犊数的百分率,可以反映犊牛的培育成绩。

$$产犊成活率 = \frac{成活犊牛数}{产出犊牛数} \times 100\%$$

6. 繁殖率统计　指本年度断奶成活的犊牛数占本年度牛群适繁母牛数的百分率。

$$繁殖率 = \frac{断奶成活犊牛数}{适繁母牛数} \times 100\%$$

繁殖管理好的奶牛场应达到以下指标:年总受胎率达到

95%以上;一次情期受胎率达到58%;产后第一次配种时间为35～55天;青年母牛初配适龄为16～18月龄;年繁殖率达90%。

(五)改进繁殖技术和方法,推广繁殖新技术

在现代畜牧业中,繁殖技术不断改进和提高,从母牛的性成熟、发情、配种、妊娠、分娩直到犊牛的断奶和培育等各个环节陆续出现了一系列的控制技术。如同期发情、胚胎移植、控制分娩和缩短产犊间隔、早期断奶等新技术,为提高奶牛的繁殖效率开辟了新的途径。除此以外,配子和胚胎生物工程,如胚胎冷冻保存、胚胎分割与嵌合、胚胎性别鉴定与控制、体外受精、基因导入等的研究已取得了一定的进展,这些高新技术可最大限度地挖掘奶牛的繁殖潜力,将为人类创造更多更好的经济效益。

(六)编制年度配种繁殖计划

奶牛场在年初应该编制好本年度繁殖计划。在制订计划以前,必须要以上年度成母牛的受胎和繁殖情况为基础,结合本年度的饲养管理、基础母牛的体质、人工授精技术人员的素质等制订计划,确保繁殖指标的完成。

附　录

附录一　牛冷冻精液国家标准

1　主题内容与适用范围

本标准规定了牛冷冻精液的技术要求、试验方法、检验规则、标志、包装、运输和贮存。

本标准适用于乳、肉、兼用牛及水牛和牦牛的冷冻精液产品(以下简称"冻精")。

2　引用标准

GB 5458　液氮生物容器

GB/T 1.1—1993　标准编写的基本规定

GB/T 1.2—1996　标准出版印刷的规定

3　术语

精子密度(Sperm density)：指每毫升精液中的精子数。

精子活力(Sperm motility)：在37℃下直线前进运动精子占总精子数的百分率。

精子顶体完整率(Intact rate sperm acrosome post-thaw)：顶体完整精子占总精子的百分率。

精子畸形率(Abnormal sperm post-thaw)：畸形精子占总精子数的百分率。

精子存活时间(Sperm survival time)：一定温度精子存活的小时数。

细菌数(Bacteria count)：指一剂量精液经微生物培养后

出现的细菌菌落数。

4 型式

4.1 细管

4.2 颗粒

5 技术要求

5.1 外观

5.1.1 细管壁无裂痕,两端封口严密,印制的标志应清晰。

5.1.2 颗粒大小均匀,表面光滑。

5.2 剂量

5.2.1 细管冻精 内分装容量 0.25 ± 0.01ml,0.30 ± 0.01ml,0.50 ± 0.02ml。

5.2.2 颗粒冻精 0.1 ± 0.01ml

5.3 解冻后的精液

5.3.1 精子活力≥35%(即 0.35)

5.3.2 每一剂量呈直线前进运动的精子数$\geqslant 1\times 10^7$个。

5.3.3 精子存活时间在 37℃环境下保存 4h 的精子活力≥5%(即 0.05)。

5.3.4 精子顶体完整率≥40.0%。

5.3.5 精子畸形率≤18.0%。

5.3.6 一剂量中细菌菌落数颗粒精液<800 个、细管精液<500 个。

6 试验方法

6.1 外观

用目测法,其结果应符合本标准 5.1 条的规定。

6.2 剂量

试验程序参照补充条件 B 进行,其结果应符合本标准 5.2 条的规定。

6.3 解冻后精液

解冻方法及精子活力,每一剂量呈直线前进运动精子数、精子存活时间、精子顶体完整率、精子畸形率、细菌数的试验程序按照补充条件 B 进行,其结果应符合本标准 5.3 条的规定。

7 检验规则

7.1 每头公牛每批号的冻精产品必须经质检人员检验合格后方可出站。

7.2 出站检验。出站前外观、剂量、精子活力、每头牛每批号的产品必须检验。

7.3 型式检验。本标准技术要求中全部项目,每头牛每 2 个月抽检一个产品批号产品。

7.4 每一批号为每头牛一次采精的冻精产品。

7.5 出站检验、型式检验应在每头每批号冻精产品中随机抽取 3 份。

7.6 最终判定结果应以抽验 3 份样品的平均值为准。

7.7 型式检验对在出站检验中任何一项技术要求不合格则判定该批号为不合格品。

8 标志、包装、运输、贮存

8.1 标志

8.1.1 种公牛的品种代号按照补充件 A。

8.1.2 细管冻精应在管壁(或包装袋)上印制以下内容。

a. 生产站名;

b. 公牛品种;

c. 公牛号;

d. 生产日期或批号。

8.1.3 颗粒冻精每头牛每批号要有明确标签附在包装上,其内容为:

a. 生产站名;
b. 公牛品种;
c. 公牛号;
d. 生产日期或批号;
e. 数量;
f. 精子活力。

8.2 包装

8.2.1 细管冻精为专用的塑料套管或灭菌纱布袋。

8.2.2 颗粒冻精为灭菌纱布袋。

8.2.3 每一包装量不超过100份,另加3份。

8.3 运输

8.3.1 冻精运输过程中要有专人负责,贮存容器不得横倒及碰撞和强烈振动。

8.3.2 保证冻精始终浸在液氮中。

8.4 贮存

8.4.1 贮存冻精的低温容器质量符合GB 5458标准规定。

8.4.2 专人负责及时补充液氮,保证冻精浸在液氮中。

8.4.3 每头公牛的冻精单独贮存。

8.4.4 贮存冻精的容器每年至少清洗一次,并更换新液氮。

8.4.5 取放冻精时,冻精离开液氮的时间不得超过10s。

补充条件A:种公牛的品种代号

公牛品种	品种代号	公牛品种	品种代号
黑白花	HB	圣格特鲁迪斯	SG
沙西瓦	SX	抗旱王	KH
西门塔尔	XM	辛地红	XD
兼用短角	JD	婆罗门	PM
草原红牛	CH	婆拉福	PL
新疆褐牛	XH	南阳牛	NY
三河牛	SH	秦川牛	QC
肉用短角	RD	延边牛	YB
夏洛来	XL	鲁西黄牛	LX
海福特	HF	晋南牛	JN
安格斯	AG	复州牛	FZ
利木赞	LM	朝鲜牛	CX
莫累灰	ML	蒙古牛	MG

补充条件 B:牛冷冻精液质量检验方法

B.1 剂量检查

主要器材有 5.0ml 试管、定量吸管、恒温水浴箱、凹玻片。

B.1.1 细管 将细管放置 37℃水浴中解冻,然后剪去两端,将精液滴在凹玻片上,用 1.0ml 吸管吸取并检查其精液量。

B.1.2 颗粒 将颗粒放入试管内,自然解冻后用0.2ml定量吸管吸取检查其精液量。

B.2 精子活力的检查

主要仪器和器材有显微镜或显微闭路电视装置、恒温水浴箱、5.0ml试管、载玻片或精液性状板、盖玻片(18×18)、显微镜保温或恒温装置、滴管、2.9%柠檬酸钠解冻液。

B.2.1 解冻 细管直接置于37℃水浴中解冻,颗粒冻精置预先预热至40℃的内有1.0ml柠檬酸钠解冻液的试管中,水浴解冻,适当摇动,使冻精基本融化。

B.2.2 检查 取解冻后精液50ul置于载玻片上,加盖玻片立即在200～400倍显微镜下观察活力,环境温度或载物台温度保持40℃,也可通过电视装置在荧光屏上观察活力。每样品应观察3个视野,注意不同液层内的精子运动状态,进行全面评定。

B.3 每一剂量呈直线前进运动的精子数

主要器材 血细胞计数板、100ul移液管、小试管、计数器、显微镜或闭路电视装置、滴管、3.0%氯化钠液。

B.3.1 检查方法 准确吸取100ul(即0.1ml)解冻的精液,注入盛有9.9ml 3.0%氯化钠溶液的试管内,以100倍稀释混匀,准备好的血细胞计数板用盖玻片将计数室盖严。用小吸管吸取一滴混匀后的精液于盖玻片边缘,使精液自行流入计数室均匀充满,不能有气泡或厚度过大,然后在显微镜下或电视荧光屏上观察计数。

B.3.2 计算公式

a. 每剂量中精子数＝5个方格中精子数×5(即计数室25个中方格的总精子数)×10($1mm^3$内的精子数)×1 000(每毫升精液的精子数)×100(稀释倍数)×剂量值。

上式可简化为每剂量中精子数＝5个中方格精子数×$(5×10^5)$×剂量值。

b. 每样品上下观察两个计数室,取平均值,如两室计数结果误差超过5.0%,则应重新计数。

c. 每剂量中呈直线前进运动精子数＝每剂量中精子数×活力(%)。

B.4 精子存活时间的检查

主要器材 显微镜、冰箱、恒温箱、小试管、吸管、载玻片、盖玻片。

B.4.1 解冻方法按照B.2.1,精子活力的检查按照B.2.2。

B.4.2 存活时间的评定 解冻后精液立即检查活力,37℃恒温箱保存4h后检查活力。

B.5 精子顶体完整率的检查

主要器材 显微镜、载玻片、血细胞分类计数器、小吸管、蒸馏水、姬姆萨染料、磷酸二氢钠、磷酸氢二钠、甲醛、甲醇、甘油。试剂为A.R。

B.5.1 试剂配制

a. 磷酸盐缓冲液

磷酸二氢钠($NaH_2PO_4·2H_2O$)	0.55g
磷酸氢二钠($Na_2HPO_4·12H_2O$)	2.25g
双蒸水定容至	100.00ml

b. 中性福尔马林固定液

40%甲醛 HCHO(使用前经碳酸镁中和过滤)	8.00ml
磷酸二氢钠($NaH_2PO_4·2H_2O$)	0.55g
磷酸氢二钠($Na_2HPO_4·12H_2O$)	2.25g

用0.89%氯化钠溶液50.00ml溶解后加入8.00ml中和

后的甲醛,再加 0.89％氯化钠溶液定容至 100.00 ml。

c. 姬姆萨原液　　姬姆萨染料　　　　　　　1.00g

甘油[$C_3H_5(OH)_3$]　　66.00ml

甲醇(CH_3OH)　　　　66.00ml

姬姆萨染料放入研钵中加少量甘油充分研磨至无颗粒为止,然后将甘油全部倒入,放入 56℃恒温箱中保温继续溶解 4h,再加甲醇充分溶解混匀,取出过滤贮于棕色瓶中。

d. 姬姆萨染液　　姬姆萨原液　　　　2.00ml

磷酸盐缓冲液　　3.00ml

蒸馏水　　　　　5.00ml

注意现配现用。

B.5.2　制片染色

a. 抹片　取精液样品 1 滴,滴于载玻片一端,用另一边缘光滑的玻片与有样品的玻片呈 35°,将样品均匀地抹于载玻片上,自然风干(约 15min 内)。

b. 固定　在风干抹片上滴上 1～2ml 中性福尔马林固定液固定 15min 后,用清水缓缓冲去固定液,吹干或自然干燥。

c. 染色　将干燥的固定后的抹片反扣在带有平槽的有机玻璃板面上,把姬姆萨染液滴于槽和抹片之间,让其充满平槽并使抹片接触染液,染色 1.5h 后用清水缓缓冲去染液,晾干待检。

d. 镜检　将制备好的抹片在显微镜下观察(1 000 倍油镜)。

e. 计数　每样品制作两个抹片,每个抹片观察 300 个精子以上(分左、右两个区),取两片的平均值,两片的变异系数不得超过 20.0％,若超过应重新制片检查。

f. 精子顶体完整率计算

顶体完整率(%)=(顶体完整精子数/精子总数)×100%

B.6 精子畸形率的检查

B.6.1 制片染色按照 B.5.2

B.6.2 畸形精子率的计算

畸形精子率(%)=(畸形精子/精子总数)×100%

B.7 冻精中细菌数的检查

主要器材和材料 培养箱、超净工作台,培养用各类试剂:牛肉浸膏、蛋白胨、磷酸氢二钾、氯化钠、琼脂粉、血清(脱纤维血或兔血)、蒸馏水。

B.7.1 血琼脂的配制

普通琼脂制作 牛肉浸膏 5g

蛋白胨 10g

磷酸氢二钾 1g

氯化钠 5g

用蒸馏水 1 000ml 溶解后,加琼脂粉 20g 加温溶解。矫正 pH 值至 7.4～7.6,并用脱脂棉过滤,分装于试管或三角烧瓶中经高压灭菌(1.03×10^5Pa)。

血琼脂平皿制作 普通琼脂 100.00ml

无菌血清 5.0ml

先将普通琼脂溶化,待冷至 45℃～50℃,加无菌血清 5.0ml 混匀,混匀后用无菌操作倾入无菌皿待用。

B.7.2 检查方法 取一剂量的冷冻精液,用灭菌生理盐水 10 倍稀释,取 0.2ml 倾倒于血琼脂平板,均匀分布,在普通培养箱中 37℃恒温培养 48h,观察平皿内菌落数,并计算每剂量中的细菌菌落数,每个样品做两个,取平均值。

计算结果:每剂量中细菌数=菌落数×取样品量的倍数

例:颗粒 0.1ml 中细菌数＝菌落数×5(取样品量的倍数)

细管 0.25ml 中细菌数＝菌落数×12.5(取样品量的倍数)

补充条件 C:种公牛及新鲜精液质量

C.1　种公牛质量

C.1.1　使用公牛应符合本品种的特征,具有种用价值,其评价为特等、一等标准或评分相当,未经后裔测定的公牛冻精要严格控制使用。

C.1.2　种公牛体质健壮,无传染病,凡引进的公牛要先隔离检疫,经正式兽医检疫机构证明无下列传染病才能使用：牛肺疫、布氏杆菌病、牛结核病、牛副结核、牛白血病、钩端螺旋体病、传染性牛鼻气管炎、病毒性腹泻病、胎犊弧菌和阴道滴虫病等。

检疫方法应按照中华人民共和国农业部颁布的有关规定执行。

C.1.3　公牛外周血检测染色体正常、无遗传病。

C.2　公牛鲜精质量

C.2.1　公牛新鲜精液质量应符合以下标准

C.2.1.1　色泽呈乳白色或淡黄色。

C.2.1.2　精子活力$\geqslant 65\%$。

C.2.1.3　精子密度$\geqslant 8\times 10^8/ml$

C.2.1.4　精子畸形率$\leqslant 15\%$。

附录二 家畜人工授精技术操作规程

牛冷冻精液人工授精技术操作规程

本规程适用于使用牛冷冻精液人工授精的输精站。

(一)冷冻精液输精站的基本建设

1. 人工授精操作室

(1)精液处理室 面积为 $8\sim10m^2$,要求屋顶、墙壁、地面平整。室内放置有液氮罐贮存冷冻精液,并进行冷冻精液的解冻及精液品质检查。

(2)直检、输精室 面积为 $30\sim40m^2$。室内安置有 $1\sim2$ 个六柱栏,用于对母牛直肠检查进行发情鉴定、妊娠诊断和不孕症的防治,同时亦用于母牛输精。要求室内光线充足,地面平整,便于清除粪便。

2. 母牛系留场(棚) 根据本站配种范围的适繁母牛数来确定一定面积的场地,用于拴系来站检查和配种的母牛。一般距种公牛拴系场应保持 20m 以上距离,或用墙壁圈舍隔开。

(二)器械和药物的准备

1. 药液的配制 75%酒精及75%酒精棉球;1/3 000 新洁尔灭溶液;生理盐水棉球。

2. 解冻液的配制

(1)2.9%柠檬酸钠溶液。

(2)葡—柠溶液。

葡萄糖 3.0g,柠檬酸钠 1.4g,蒸馏水加至 100ml。

(3)复方蔗—柠溶液。

蔗糖 1.15g,柠檬酸钠 1.47g,磷酸二氢钾 0.325g,碳酸氢钠0.09g,氨苯磺胺0.3g,蒸馏水加至100ml。

3. 器械 10L液氮贮存罐一个;3L液氮贮存罐一个;10L液氮运输罐一个;生物显微镜及显微镜保温箱;恒温水浴箱;各式牛用输精器;手提式高压灭菌器。

4. 器械的洗涤 人工授精用的器械在每次使用以后,均需用洗涤剂洗刷干净,特别是注射器、输精器内的残留精液均应彻底洗涤干净,并需保持洁净、干燥,存放于清洁的橱柜内。

5. 器械消毒和冲洗

(1)玻璃棒、金属镊子、搪瓷方盆需用75%酒精棉球消毒。

(2)解冻用小试管、解冻液、注射器、生理盐水棉球、毛巾、纱布需用高压蒸汽消毒。要求消毒温度达到115℃维持30min。

(3)颗粒及安瓿型冷冻精液输精器需经高压蒸汽消毒。当连续为数头母牛输精时,每输精一头母牛后,输精器可用75%酒精棉球由前向后擦拭消毒,等干燥后,再用生理盐水棉球擦拭后,可再用于另一头母牛输精。

(4)细管型冷冻精液输精器的前段接头需以高压蒸汽消毒,接杆部分可以用75%酒精棉球消毒,待干燥后再用生理盐水棉球擦拭,每次输精只需更换输精器接头即可。

(5)凡是接触精液的器械如解冻小试管、颗粒及安瓿型冷冻精液输精器、贮存精液容器等均需经彻底消毒,并再经灭菌的解冻液冲洗2次,以保持精子的适宜环境。

(三)精液品质检查

1. 精子活力评定

(1)颗粒型冷冻精液应先取2.9%柠檬酸钠溶液1～1.5ml,加温到38±2℃,投入颗粒冷冻精液一粒,轻轻摇荡,当融化尚余 1/2～1/3 时,脱离加温,使其在外界温度下融化,用压片法立即在 150～600 倍显微镜下检查。

(2) 检查精子活力用的显微镜载物台应保持 35℃～38℃ 温度。

(3) 在显微镜视野下,呈直线前进运动的精子数占全部精子数的百分率来评定精子活力。100% 的精子呈直线前进运动者评为 1.0;90% 的精子呈直线前进运动者评为 0.9,以此类推。

2. 每头份冷冻精液的直线前进运动精子数必须达到以下标准

细管型　　　　　1 000 万个以上/支
颗粒型　　　　　1 200 万个以上/粒

3. 精子顶体完整率评定　采用姬姆萨染色法,用显微镜观察或用相差显微镜观察。每个样品应观察精子总数 500 个。解冻后精子顶体完整率不得低于 40%。

(四)冷冻精液的包装、标记和运输

1. 冷冻精液的包装

(1) 细管型冷冻精液应封闭严密。

(2) 颗粒型冷冻精液必须以无菌容器包装。

(3) 安瓿型冷冻精液应封闭严密,耐受冷冻。

2. 冷冻精液的标记

(1) 细管、安瓿的外壁和颗粒冷冻精液容器上应标记或拴系有标记牌。注明站名、公牛号、精液制冻日期、批号以及该批冷冻精液的精子活力。

(2) 不同品种公牛的冷冻精液可用不同颜色包装加以区别。

3. 冷冻精液的运输

(1) 移动液氮贮存罐时,应提握罐柄,轻拿轻放,防止冲撞。

(2) 液氮贮存罐及液氮运输罐装车运输时,应在罐底加防震软垫。罐体应加外套装入木箱,牢固地加以拴系,防止倾倒。

(3) 运输冷冻精液应有专人押送,办理好交接手续卡片。途中应随时注意检查并及时补充冷源。

(五)冷冻精液贮存

1. 在液氮贮存罐内贮存的冷冻精液,必须切实地浸没于液氮中。

2. 取放贮存冷冻精液的提筒,只允许上提到液氮罐的罐颈段之下,严禁提出罐外,在罐内脱离液氮的时间不得超过10s。

3. 向另一液氮贮存罐内转移冷冻精液时,精液提筒不得脱离液氮5s。

4. 取放冷冻精液之后,应及时盖上罐塞,以减少液氮消耗及防止异物落入罐内。

5. 严防不同畜种、品种、个体公畜的冷冻精液混杂,难以辨识。

6. 对于长期用作贮存冷冻精液的液氮罐应定期清理和洗刷。

(六)冷冻精液的解冻

1. 细管、安瓿型冷冻精液可用 38℃±2℃ 温水直接浸泡解冻。

2. 颗粒型冷冻精液应逐粒分别用 38℃±2℃ 的 1~1.5ml 的解冻液解冻。不得将两粒以上的颗粒冷冻精液投入到一份解冻液中解冻。

3. 解冻后的精液温度不得超过外界环境温度,一般应控制在10℃以下。

4. 细管型冷冻精液应在1h内用于输精;安瓿、颗粒型冷冻精液应在2h内用于输精。

5. 解冻后精液需作运输时,应置于4℃~5℃温度下不得超过8h。

(七) 输 精

1. 母牛需经发情鉴定及健康检查后才能给予输精。

2. 母牛在输精前,外阴部应经清洗,以1/3 000新洁尔灭溶液或酒精棉球擦拭消毒,待干燥后,再用生理盐水棉球擦拭。

3. 发情母牛每次输入一头份解冻后冷冻精液。

4. 输精用精子活力应达0.3以上。输入的直线前进运动精子数,细管型冷冻精液为1 000万个以上;颗粒冷冻精液为1 200万个以上。

5. 采用直肠把握输精法将精液注入到子宫口或子宫体部位。

6. 输精母牛须做好记录。各项记录必须按时、准确,并定期进行统计分析。

附录三 奶牛繁殖技术管理规范

1 总则

1.1 为减少人为因素和环境因素对奶牛繁殖过程的影响,充分发挥奶牛的繁殖潜力,使奶牛生产获得较好的经济效益,特制定《中国奶牛协会繁殖技术管理规范》。

1.2 本规范适用于全国奶牛生产及技术服务单位。

1.3 在执行过程中,规范内容将随着繁殖技术的进步和生产发展的需要不断加以完善。

2 种公牛的繁殖管理

2.1 基本要求和繁殖指标

2.1.1 种公牛系谱至少三代清楚,并经后裔测定或其他方法证明为良种者。

2.1.2 种公牛必须体质健壮,生殖器官(睾丸、副性腺、交配器官等)发育正常,无繁殖障碍和法规规定的传染病。

2.1.3 开始采精年龄不得低于 14 月龄,体重不得低于 400kg。

2.1.4 按照牛冷冻精液国家标准(GB4143—84)全年冻精合格率不低于 60%,年生产量不得低于 1 万个剂量。

2.1.5 年第一次授精期受胎率不低于 55%(至少需 100 头牛输精数据)。

2.2 管理措施

2.2.1 按种公牛的发育阶段和营养需要做好日粮配合。

2.2.1.1 种公牛哺乳一般不少于四个月,哺乳量不低于 600kg。

2.2.1.2 初情期阶段蛋白质给量一般应高于成年公牛

需要量的10%。

2.2.1.3 性成熟阶段蛋白质给量一般应高于成年公牛需要量的5%。

2.2.2 种公牛生殖器官的检查和护理

2.2.2.1 对生殖器官应进行全面检查,包括睾丸形态、大小、质量以及附睾、副性腺等。

2.2.2.2 检查时间和次数。青年牛在首次采精前检查1次,成年牛每年检查1次。

2.2.2.3 在检查中发现异常问题时要及时查明原因并酌情进行治疗或淘汰。

2.2.2.4 平时注意对公牛生殖器官的护理,防止各种因素造成的伤害。

2.2.3 每年定期两次检疫,平时做好防疫卫生保健和安全工作。

2.2.4 必须保证种公牛每天有适量的运动,做好护蹄、修蹄工作。

2.2.5 采精要求

2.2.5.1 采精场必须整洁、防尘、防滑和地面平坦,并设有采精垫和安全栏。

2.2.5.2 成年公牛采精一般每周不得超过2次,每次不得超过两回,采精前做到空爬1~2次。

2.2.5.3 做好采精牛平时的阴毛修剪和采精时的包皮清洗、消毒以及公牛后躯的卫生工作。

2.2.5.4 所有采精器具每次使用前均需严格消毒,未经消毒不得重复使用,采精时要求假阴道温度在37℃~40℃,松紧适宜,润滑剂涂抹深度不得超过1/2。

2.2.5.5 采精时要做到人牛固定,操作时不得粗暴,要胆大心细,充分掌握公牛个体习性,做到诱导采精牛阴茎自行伸入假阴道,射精后随公牛下落,让阴茎慢慢回缩自动脱落。

3 母牛的繁殖管理

3.1 繁殖指标

3.1.1 年总受胎率≥85%。

3.1.2 年平均情期受胎率≥50%。

3.1.3 年平均胎距离≤420d。

3.1.4 初产月龄25～28个月。

3.1.5 年繁殖率≤80%。

3.2 人工授精和发情鉴定管理

3.2.1 发情和发情鉴定管理

3.2.1.1 对于15月龄未见初情的育成母牛,须进行母畜科和营养学检查。

3.2.1.2 发情鉴定采用观察法,每天进行2～3次,主要观察性欲和黏液数量、性状,必要时检查卵泡发育情况。

3.2.2 配种管理

3.2.2.1 育成母牛15～18月龄,体重达350kg以上开始配种。

3.2.2.2 成年母牛产后第一次配种时间掌握在50～90d。

3.2.2.3 配种前要进行母畜科检查,对患有生殖疾病的牛只不予配种,应及时治疗。

3.2.2.4 输精前应进行精液品质检查,精子活力达0.35以上,直线运动精子数颗粒1 200万以上,细管1 000万以上方可输精。

3.2.2.5 采用直肠把握输精法输精。输精时机掌握在发情中、后期。1个发情期输精1～2次,每次用1个剂量精液。

3.2.2.6 输精器每牛每次1支,不得重复使用。授精器具用毕要及时清洗干净,放入干燥箱内经170℃消毒两个小时。

3.2.2.7 配种全过程按人工授精卫生要求进行。

3.2.3 妊娠和妊娠诊断管理

3.2.3.1 母牛输精后进行两次妊娠诊断,第一次在配种后2~3个月,第二次在停奶期。

3.2.3.2 妊娠诊断采用直肠检查法、腹壁触诊法、超声诊断法等。

3.2.3.3 对妊娠母牛要加强饲养管理,做好保胎工作。

3.3 产科管理

3.3.1 分娩管理

3.3.1.1 分娩母牛在预产期前15d左右进产房。产房每周消毒1次,产床(或产间)每天消毒1次,并经常更换垫草,防止生殖道感染。

3.3.1.2 母牛应以自然分娩为主,需要助产时严格按产科要求进行。

3.3.1.3 对产后母牛要加强饲养管理,促进母牛生殖功能恢复。

3.3.1.4 异性双胎母犊不得留作种用。

3.3.2 产后监护

3.3.2.1 产后6h内,观察母牛产道有无损伤,发现损伤要及时处理。

3.3.2.2 产后12h内,观察母牛努责状况。母牛努责强烈时,要注意子宫内是否还有胎犊和有无子宫脱征兆,发现子宫脱要及时处理。

3.3.2.3 产后24h内观察胎衣排出情况,发现胎衣滞留应及时处理。

3.3.2.4 产后7d内观察恶露排出的数量和性状,发现异常要及时处理。

3.3.2.5 产后15d左右观察恶露排净程度及黏液的洁净程度,发现异常要酌情处理。

3.3.2.6 产后30~40d通过直肠检查子宫复旧情况,发现子宫复旧不全要及时治疗。

3.4 繁殖障碍牛的管理

3.4.1 对产后60d未发情的牛只、发情40d以上不再发情的未配牛只、妊娠检查发现的未妊牛只要查明原因,必要时进行诱导发情。

3.4.2 对输精两次以上未妊的牛只,要进行直肠检查,发现病症及时处理。

3.4.3 对产后半年以上的未妊牛只要组织会诊。

3.4.4 对早期胚胎死亡、流产、早产牛只,要分析原因,必要时进行流行病学调查。对传染性流产要采取相应的卫生、防疫措施。

3.5 繁殖记录及统计报表管理

3.5.1 建立发情、配种、妊娠、流产、产犊、产后监护及繁殖障碍牛检查、处理记录。原始记录必须真实。

3.5.2 要认真做好各项繁殖指标的统计,数字要准确。

3.5.3 建立月报、季报和年报制度。

附录四 国内部分冷冻精液生产单位一览表

序号	冷冻精液生产单位	品种	联系方式
1	贵州省家畜冷冻精液站	摩拉水牛、尼里/拉菲水牛、西门塔尔、安格斯、利木赞、皮埃蒙特	地址:贵州省贵阳市龙洞堡老里坡38号 邮编:550005 电话:0851-5284295
2	广西壮族自治区畜禽品种改良站	摩拉水牛、尼里/拉菲水牛、安格斯、娄来恩	地址:广西壮族自治区南宁市邕武路24号 邮编:530001 电话:0771-3318656
3	河南省洛阳白马寺种公牛站	荷斯坦、夏洛来、西门塔尔、利木赞、皮埃蒙特	地址:河南省洛阳市白马寺镇66号院 邮编:471013 电话:0379-3789076
4	河南省南阳黄牛科技中心	荷斯坦、利木赞、夏洛来、皮埃蒙特、德国黄牛、南阳黄牛	地址:河南省南阳市高新区天洼村 邮编:473000 电话:0377-3522038
5	上海金晖家畜遗传开发有限公司	南德文牛	地址:上海市星火农场内 邮编:201408 电话:021-57118026
6	甘肃省家畜繁育中心	荷斯坦、西门塔尔、皮埃蒙特、夏洛来、安格斯、利木赞、德国黄牛	地址:甘肃省武威市凉州区槐安 邮编:733000 电话:0935-2301287

续附录四

序 号	冷冻精液生产单位	品 种	联系方式
7	陕西省西安光明荷斯坦奶牛育种有限公司	荷斯坦	地址:陕西省西安市经济技术开发区草滩农场中站 邮编:710021 电话:029－86602234
8	山西省家畜冷冻精液中心	荷斯坦、西门塔尔、利木赞、夏洛来、皮埃蒙特、娟姗、晋南牛	地址:山西省太原市胜利西街7号 邮编:030027 电话:0351－6272494
9	黑龙江省家畜繁育指导站	荷斯坦、夏洛来、西门塔尔、利木赞、德国黄牛	地址:黑龙江省哈尔滨市哈平路七公里 邮编:150069 电话:0451－6662555
10	辽宁省种牛繁育中心	荷斯坦、夏洛来、西门塔尔、利木赞、皮埃蒙特、德国黄牛	地址:辽宁省沈阳市于洪区陵东街陵园北里 邮编:110032 电话:024－86616537
11	四川省家畜冷冻精液中心站（四川省种牛繁育中心）	荷斯坦、西门塔尔、利木赞、蒙贝利亚、娟姗、娄来恩、摩拉水牛	地址:四川省成都市静居寺南街14号 邮编:610066 电话:028－4790654
12	山东奥克斯生物技术有限公司	荷斯坦	地址:山东省济南市工业北路159－1号 邮编:250100 电话:0531－88966669
13	山东省曹县中大种公牛站	荷斯坦、西门塔尔、利木赞、德国黄牛、鲁西黄牛	地址:山东省曹县五里墩 邮编:274400 电话:0530－3310977

续附录四

序号	冷冻精液生产单位	品种	联系方式
14	山东省畜禽良种中心	荷斯坦、西门塔尔、利木赞、蒙贝利亚、德国黄牛	地址:山东省济南市长清县城南一公里 邮编:250300 电话:0531—7227020
15	北京奶牛中心	荷斯坦、西门塔尔、夏洛来、利木赞、安格斯、娟姗、瑞士褐牛	地址:北京市德外清河南镇 邮编:100085 电话:010—62948028
16	上海奶牛育种中心有限公司	荷斯坦	地址:上海市宝山蕰川路1600号 邮编:201901 电话:021—56803009
17	河南省鼎元种牛育种有限公司	夏洛来、西门塔尔、利木赞、德国黄牛、安格斯、皮埃蒙特、荷斯坦	地址:河南省郑州市经五路23号 邮编:450002 电话:0371—5930602
18	河北省畜牧良种工作站	西门塔尔、夏洛来、荷斯坦、利木赞、海福特、兼用短角、安格斯、皮埃蒙特	地址:河北省石家庄市学府路7号 邮编:050061 电话:0311—86839288
19	河北省秦皇岛全农精牛繁育有限公司	荷斯坦、西门塔尔	地址:河北省秦皇岛市海港区 邮编:066003 电话:0335—3163462
20	重庆市种公牛站	荷斯坦、安格斯、西门塔尔、海福特、娄来恩	地址:重庆市沙平坝区先锋街 邮编:630033 电话:0811—9864847

续附录四

序 号	冷冻精液生产单位	品 种	联系方式
21	宁夏回族自治区家畜繁育中心	荷斯坦、夏洛来、西门塔尔、利木赞、安格斯	地址：宁夏回族自治区贺兰县北郊三公里 邮编：750200 电话：0951－8064700

附录五　国内部分液氮罐生产与销售厂家一览表

序号	生产厂家	地　址	邮编	电话
1	成都液氮容器厂	四川省成都市外北凤凰山单石桥	610081	028—3114053
2	大同农牧局液氮站	山西省大同奶牛场	037000	0352—622594
3	造鑫（鑫科）企业有限公司上海分公司	上海市斜土路2601号嘉汇广场T1幢29C座	200030	021—64262571　64264861
4	造鑫（鑫科）企业有限公司北京分公司	北京市东城区朝阳门南小街南竹杆胡同80号华智商务大厦205室	100010	010—65270862　65270863　65270864　65271160
5	造鑫（鑫科）企业有限公司南京分公司	南京市上海路40号－1五台商务大楼403－404	210024	025—84723367　84723327
6	造鑫（鑫科）企业有限公司杭州办事处	浙江省杭州市凤起东路42号广茵大厦701室	310020	0571—86026527
7	造鑫（鑫科）企业有限公司厦门办事处	福建省厦门市公园南路21号玉滨城A座22C室	519070	0592—2076469

续附录五

序号	生产厂家	地址	邮编	电话
8	造鑫（鑫科）企业有限公司广州分公司	广东省广州市天河区珠江新城华利路23号远洋明珠2307—2308室	510023	020—37585759 37585760 37585761 37585763
9	造鑫（鑫科）企业有限公司西安分公司	陕西省西安市雁塔西路161号A座1402室	710061	029—85396294 85212546 82302884
10	造鑫（鑫科）企业有限公司成都办事处	四川省成都市新华南路华能大厦后楼6层		028—85195762
11	上海普瑞赛斯仪器有限公司	上海市徐汇区漕宝路70号光大会展中心C座1303室	200235	021—64327501 64327502 64327503
12	北京悦泰行科技发展有限公司	北京市西四环南路52号院甲8号201、203室	100071	010—63811142 63813274
13	北京信德科兴科学器材有限责任公司	北京市海淀区西四环中路39号万地名苑2号楼404室	100039	010—51650921 68288187
14	中科院北京时代生物技术有限公司	北京市海淀区紫竹院路31号华澳中心3号楼6G	100089	010—51906322 51906696 51906418 51906657
15	北京东方晨景科技有限公司	北京市海淀区知春路锦秋家园7号楼304	100088	010—51668833

续附录五

序号	生产厂家	地址	邮编	电话
16	四川亚西机器厂低温容器分厂	四川省乐山市五通桥牛华镇	614801	0833—3208867 3208290
17	北京东南仪诚实验室设备有限公司	北京市西直门南大街16号	100035	010—66114984
18	广州市正一科技有限公司	广东省广州市五羊新城寺右新马路133号深华大厦1805		020—87375851 87364011 88309816
19	豫新机械有限公司低温容器厂	河南省新乡市建设中路168号	453049	0373—3386600 3338466
20	四川乐山亚联机械有限责任公司低温分厂	四川省乐山市峨眉山	614218	0833—5050930
21	乐山市东亚机电工贸有限公司	四川省乐山市牛华镇	614801	0833—3208128 3208750
22	上海精睿科学器材有限公司	上海市沪闵路9333号3楼B座	200233	025—54940779

续附录五

序号	生产厂家	地 址	邮编	电话
23	华粤企业集团有限公司	广东省广州市泰康路111号泰康城广场泰富中心26楼	510115	020—83221308
24	西盟生命技术(香港)有限公司	北京市丰台区东大街东货场路35号	100071	010—63869133 63846575
25	北方科仪	北京市海淀区东安华3号楼	100094	010—51667954 62810047
26	成都市生科仪器有限公司	四川省成都市天祥街59号	610061	028—84389498 68096097 68096098
27	北京信康亿达科技发展有限公司	北京市海淀区马连洼武警印刷厂3号楼	100094	010—62899920
28	北京恺欣世纪科技发展有限公司	北京市丰台区莲宝路2号院盛今大厦18L	100073	010—63993231 87480419 81902455
29	上海坤肯生物化工有限公司	上海市闸北区平型关路377弄嘉利明珠城15号602	201100	021—27467617 56382145

参考文献

1 王守勋等．对奶牛胚胎早期死亡原因的初步探讨．山西农业大学学报,1988(1)

2 梁莲芝,王守勋,刘岐．乳牛隐性子宫内膜炎诊断与治疗比较试验．中国奶牛,1992(5)

3 王利红,王守勋．家畜繁殖记录符号探讨．黑龙江畜牧兽医,2005(1)

4 王利红,王守勋,张伟．公牛冻精品质检测方法比较．中国奶牛,2002(3)

5 王利红,王守勋,张伟．奶牛极早期(16±1天)妊娠诊断方法．中国奶牛,2005(4)

6 桑润滋主编．动物繁殖生物技术．北京:中国农业出版社,2002

7 侯放亮主编．牛繁殖与改良新技术．北京:中国农业出版社,2005

8 张周主编．家畜繁殖．北京:中国农业出版社,2001

9 宋宝祥编著．牛繁殖技术．哈尔滨:黑龙江科学技术出版社,1985

10 冀一伦主编．实用养牛科学．北京:中国农业出版社,2001

11 山东省畜牧兽医学校主编．家畜繁殖学．北京:中国农业出版社,1999

12 北京农业大学主编．家畜繁殖学(第二版)．北京:中国农业出版社,2000

13 李海林主编．牛胚胎高效移植技术．北京：中国农业出版社，2003

14 王锋，王元兴主编．牛羊繁殖学．北京：中国农业出版社，2003